Pilzerkrankungen bei Kindern

Meinem Sohn Marcus gewidmet,

der als Säugling, Kleinkind und Schulkind
wegen Ketteninfekten, Neurodermitis und Heuschnupfen
immer wieder krank war –
und allen Kindern, denen es ähnlich ergeht.

Carlo Weichert

Pilzerkrankungen bei Kindern

Wenn Kinder häufig kränkeln

Hilfe bei Infektanfälligkeit und Allergien
Darmsanierung mit natürlichen Mitteln
Anti-Candida-Behandlung
Fallbeispiele aus der Praxis

MIDENA

Was dieses Buch nicht soll:
Auch wenn es beim Lesen, insbesondere der Praxisbeispiele, manchmal so klingen mag, so ist es absolut nicht meine Absicht – und ich fühle mich auch nicht dazu berufen – zu be- oder zu verurteilen, weder eine wissenschaftliche Medizin oder die sogenannte Schulmedizin noch die Naturheilkunde und deren Vertreter.
Ich zeige Inhalte meines Denkens, Empfindens, Wissens und meiner Praxiserfahrungen mit vielen meiner kleinen leidenden und kranken Patienten – nicht mehr.

Zur Information:
Alle Namen und näheren Begebenheiten wurden so verändert, daß der Patient nicht mehr erkennbar ist. Das Grundprinzip eines Fallbeispiels ist jedoch voll erhalten geblieben.

Die Deutsche Bibliothek – CIP-Einheitsaufnahme

Weichert, Carlo:
Pilzerkrankungen bei Kindern : wenn Kinder häufig kränkeln ; Hilfe bei Infektanfälligkeit und Allergien ; Darmsanierung mit natürlichen Mitteln ; Anti-Candida-Behandlung ; Fallbeispiele aus der Praxis / Carlo Weichert.
– Augsburg : Midena, 1997
ISBN 3-310-00280-2

Midena Verlag, Augsburg

Redaktion: Jeanette Stark-Städele
Lektorat: Franz Leipold
Satz: satz-studio GmbH, Bäumenheim
Reproduktionen: Mayr Reprotechnik GmbH, Donauwörth
Zeichnungen: Andreas Schaad (S. 57), Klaus Dursch (alle übrigen)
Fotos: Mauritius/Age Kat. S. 24; –/Habel S. 60, 68; –/Palmer S. 12; –/Rosenfeld S. 22; –/Superstock S. 53; PhotoPress/Dr. Bahnmüller 94; –/Gerhard S. 102, 111 –/Hapf S. 66; –/Rose S. 18; alle übrigen Bilder stammen vom Autor.
Umschlaggestaltung: Steinkaemper/Lohmann, Igling
Umschlagfotos: Zefa/Norman (Titelbild und Rückseite); Hans Reinhard (seitliche Abbildung)
Druck und Bindung: Presse-Druck, Augsburg

Printed in Germany

ISBN 3-310-00280-2

Inhalt

Vorwort

Immer mehr Kinder kränkeln oder sind ständig erkältet. Kaum ist der Husten überstanden, bekommen sie schon wieder Schnupfen oder Fieber. Und viele Kinder leiden zusätzlich an Allergien. Die Eltern haben oft eine wahre Odyssee von Arzt zu Arzt hinter sich, haben nicht selten auch verschiedene Naturheiltherapien ausprobiert. Doch alles ohne dauerhaften Erfolg.

In diesem Buch sollen die Ursachen dieser Infektanfälligkeit aufgespürt werden. Es wird sich zeigen, daß die üblichen Symptomtherapien, die einzelne Beschwerden mit massiven Medikamenten »bekämpfen“, der falsche Weg sind. Denn der menschliche Körper besteht aus komplexen Systemen, die feinst aufeinander abgestimmt sind. Bei Krankheit liegt immer eine Störung dieses Gesamtsystems vor, die insgesamt behoben werden muß. Dazu muß man auch um die mikrobiologischen Vorgänge im menschlichen Körper und den Einfluß wissen, den Bakterien, Pilze und Viren auf unsere Gesundheit haben. Erst dann wird man verstehen, warum manche Kinder immer wieder krank werden. Und dann wird man sie auch dauerhaft heilen können.

Der Inhalt dieses Buches basiert auf den neuesten wissenschaftlichen Forschungen und Untersuchungen zum Thema Mikrobiologie, d.h. Bakterien- und Pilzinfektionen.

Weiterhin liegen aber auch praktisches Wissen und der jahrelange Erfahrungsschatz aus meiner naturheilkundlichen, ganzheitsmedizinischen und psychotherapeutischen Praxis zugrunde.

Das Buch zeigt, wie Wohlstandsfehlernährung, Umweltbelastungen mit Gift, Chemie, Abgasen und Schwermetallen, insbesondere aber zahlreiche, das kindliche Ökosystem störende ärztliche Therapien, wie z. B. Antibiotika, Kortison usw., den kindlichen Organismus immer schwerer belasten oder gar schädigen und wie daraus geradezu zwangsläufig die vielen Krankheiten unserer Kinder entstehen. An oberster Stelle rangieren dabei Infektanfälligkeit, Allergien und nun auch noch Pilzbefall – deren wahre Ursachen bei den üblichen, wenig hilfreichen Symptomtherapien überhaupt nicht erfaßt werden.

Dieser Ratgeber möchte Mut machen: Gehen Sie als Eltern bei gesundheitlichen Störungen ihrer Kinder ruhig einmal andere, d. h. erprobte und bewährte naturheilkundliche, mikrobiologische, ganzheitsmedizinische Wege. Nur sie können, so zeigt die jahrelange Erfahrung, unsere Kinder wirklich heilen, ihren Organismus regenerieren und relativ schnell stabile und dauerhafte Gesundheit schaffen.

Viel Freude beim Lesen dieses Buches!

Palling, im Frühjahr 1997
Carlo Weichert, Heilpraktiker und Psychotherapeut

1 KAPITEL Petra ist schon wieder krank

Ein Praxisbeispiel

Als Baby ständig Mittelohrentzündung

Die fünfjährige Petra ist ein typisches Sorgenkind. Von Geburt an kränkelte sie. Mit drei Monaten hatte sie das erste Mal Mittelohrentzündung und bekam Antibiotika; dann, im Lauf ihres ersten Lebensjahres, noch weitere drei Mal. Außerdem hatte sie häufig Fieber. Aus Angst vor Fieberkrämpfen gaben die Eltern immer gleich fiebersenkende Zäpfchen.

Plötzlich kamen noch Neurodermitis und Heuschnupfen dazu

Mit einem halben Jahr bekam Petra an den Händen, Kniekehlen, Armbeugen und im Gesicht einen seltsamen Ausschlag. Der Kinderarzt diagnostizierte ein atopisches Ekzem, das sich zu Neurodermitis entwickeln könne. Und so war es dann auch. Im folgenden Frühjahr litt Petra plötzlich an Heuschnupfen.

Für Eltern und Geschwister war die Situation sehr belastend. Cremes, Puder, Badezusätze usw., alles wurde ausprobiert. Bei schönstem Wetter mußten Fenster und Türen wegen der Pollen geschlossen bleiben. Ein Allergietest zeigte Reaktionen auf Kuhmilch, Weizen, Hausstaubmilben und eine ganze Reihe von Blütenpollen.

Petras zweites und drittes Lebensjahr waren ein schreckliches gesundheitliches Auf und Ab. Immer wieder war sie erkältet. Sie hatte plötzlich für ein bis drei Tage unerklärbar hohes Fieber und zwischendrin noch die Windpocken. Ständig waren die Eltern mit ihr beim Kinderarzt. Wenn die Ohren oder die Mandeln wieder entzündet waren, bekam sie Antibiotika.

Da Petra noch zwei Geschwister hat und die Mutter aus finanziellen Gründen halbtags berufstätig ist, mußte Petra immer wieder schnell fit sein, sonst wäre die ganze Organisation zusammengebrochen – und das war nur mit Antibiotika zu erreichen.

... und dann auch noch allergisches Asthma

Im dritten Lebensjahr wurden bei Petra die Polypen entfernt. Danach setzte ein seltsamer Husten ein, der bis heute geblieben ist. Der Kinderarzt diagnostizierte Bronchitis und später allergisches Asthma.

Nun begann eine Odyssee zu verschiedenen Lungenfachärzten. Petra bekam immer wieder Antibiotika oder Kortisonsprays für die Lunge und außerdem schleimlösende Mittel. Seither muß sie dreimal täglich inhalieren, wogegen sie sich sehr wehrt.

Seit zwei Jahren hustet sie Nacht für Nacht; dabei wimmert sie und läuft oft ganz blau an. Dann nehmen die Eltern sie in ihr Bett, mit der Konsequenz, daß die ganze Familie nicht mehr richtig schlafen kann und alle am Ende ihrer Kräfte sind.

Das einzig Berechenbare an Petras Krankheiten ist der Heuschnupfen von März bis Juni. Völlig unberechenbar sind die Hautausschläge. Und die immer wiederkehrenden Erkältungen, die Infekte und dieser furchtbare Husten bringen die Eltern beinahe zur Verzweiflung.

Die Mutter war mit Petra bereits bei mehreren Heilpraktikern, hat Homöopathie, Bachblüten und eine Therapie mit elektrischen Schwingungen versucht. Doch nichts war von durchschlagendem Erfolg.

Viele Mütter erleben auf der Suche nach Hilfe für ihr krankes Kind eine wahre Odyssee von Praxis zu Praxis.

Die Mutter ist völlig fertig

Petras Mutter ist angesichts dieser jahrelangen Überforderung mit Familie, Beruf und ihrem Sorgenkind am Ende ihrer Kräfte. Und nun sitzt sie mit Petra, die schon wieder krank ist, bei mir. Vor drei Tagen wurde der Husten wieder schlimmer, und Petra bekam auch Fieber. Die Kindergärtnerin hatte der Mutter geraten, Petra erst wieder in den Kindergarten zu schicken, wenn sie völlig gesund ist; schließlich könne sie ja die anderen Kinder anstecken. Und die Mutter weiß nun nicht mehr, wie sie das alles zusammen mit ihrer Arbeit und der Familie schaffen soll.

Eitrige Mandeln, geschwollene Lymphknoten, Schleim in der Lunge

Die Untersuchung von Petra ergibt: 38,8 Grad Fieber um 14.45 Uhr, das ist recht hoch.

Die Lunge knistert etwas auf der rechten Seite, da ist zäher Schleim drin. Dies deutet auf eine Entzündung hin. Und dieser Schleim ist erfahrungsgemäß immer voller Bakterien – körpereigene, fremde oder gar krankmachende Bakterien oder auch Candida- bzw. Schimmelpilzbefall, der das Kind nicht mehr gesund werden läßt.

Der Ohrinnenraum zeigt keine Entzündung. Aber die Mandeln sind dick und gerötet mit einigen Eiterpünktchen. Die Hals-Lymphknoten sind geschwollen, und die Zunge ist gelblich-weiß belegt. Petras Bauch ist ziemlich hart, d.h., er zeigt Abwehrspannung. Ich frage nach Bauchweh. »Ach«, klagt die Mutter, »das ist ein Kreuz. Über Bauchweh jammert Petra ständig.«

Süßigkeiten und Limonade – davon könnte Petra leben

Die Mutter gibt an, daß Petra nur alle zwei bis drei Tage Stuhlgang hat. Eine Stuhlprobe sei deswegen aber noch nie untersucht worden.

Da Verstopfungen oft eine Folge von zu wenig Flüssigkeit sind, frage ich, was und wieviel Petra trinkt. Die Mutter erzählt, daß Petra nur sehr wenig trinkt, Milch überhaupt nicht, Tee nur stark gesüßt, am liebsten Limonade oder Cola. Auf Fruchtsäfte bekommt sie leicht Hautausschläge (Zitrusfrucht-Allergie!).

Wer zu wenig trinkt, riskiert eine Verstopfung.

Auch das Essen ist sehr problematisch; im wesentlichen ernährt sich Petra von Süßigkeiten. Die Mutter ahnt zwar, daß diese Ernährung nicht gerade gesund ist, fühlt sich aber machtlos.

Wenig gestillt

Die Schwangerschaft mit Petra war relativ problemlos verlaufen. Bei der Geburt hatte Petra allerdings die Nabelschnur um den Hals und war ziemlich blau. Sie wurde nur vier Wochen voll gestillt.

Beachten Sie

Diese Frage nach dem Stillen ist sehr wichtig. Denn wenn, wie bei Petra, nur sehr kurz oder gar nicht gestillt wird, fehlen von Anfang an die schützenden Immunglobuline des Abwehrsystems der Mutter.

Durch die viel zu frühe Gläschennahrung werden gleichzeitig das mikrobiologische System des Darms, das Stoffwechselsystem und das Immunsystem des neugeborenen Kindes massiv überlastet. Es entsteht eine Infektanfälligkeit, und häufig entwickeln sich auch noch Allergien – wie es bei Petra der Fall gewesen war.

Scheidenpilze während der Schwangerschaft

Als nächstes fragte ich die Mutter, ob sie während der Schwangerschaft Scheidenpilze bzw. eine Rötung, Schwellung oder Ausfluß aus der Scheide hatte. Die Frage mag ungewöhnlich sein, ist aber wichtig, weil diese krankmachenden Pilze bei der Geburt auf das Kind übertragen werden können (siehe Seite 96). Es zeigte sich, daß Petras Mutter tatsächlich öfter eine Pilzinfektion hatte.

Ein Brüll- und Schreikind

Im weiteren ergab sich, daß Petra als Baby – und heute noch – starke Blähungen hatte, ständig unruhig und quengelig war, eben ein typisches Schreikind.

Diagnose: ein gestörtes Ökosystem

Aus all diesen Informationen ergab sich, daß Petra wahrscheinlich seit der Säuglingszeit an einer massiv gestörten mikrobiologischen Ökologie des Darms mit Gärung und Fäulnisprozessen leidet, also an einer (stark) gestörten Darmflora, möglicherweise sogar mit Pilzbefall.

Mitauslöser dieser Störung waren sicher die viel zu kurze Stillzeit, die sehr ungünstige Ernährung und die zu häufigen Antibiotikatherapien.

Beachten Sie

Ein gestörtes mikrobiologisches System des Darms bedeutet eine hochgradige Immunbelastung, die das Kind immer wieder infektanfällig werden läßt und es unter Umständen in die Allergie treibt.

Somit waren all die vorhergehenden Therapien, und wenn sie noch so gut gemeint waren, nur von vorübergehender Wirkung. Denn die eigentlichen Krankheitsursachen der kleinen Petra waren bisher weder gesehen noch austherapiert worden.

Die ganzheitliche Therapie bringt Heilung

Zum Verständnis der Therapie müssen zunächst die Zusammenhänge der Krankheitsverkettungen verdeutlicht werden:

Lunge, Mandeln, Polypen, Ohren, Allergien, überreiztes Immunsystem und die Störungen in der Mikro-Bio-Ökologie des Darms und der Lunge gehören im Verständnis der Ganzheitstherapie zu einem großen Krankheitsbild. Ich nenne es Ökostörungen oder Systemstörungen des kindlichen Organismus. Und solange nicht die Gesamtheit des Organismus wieder gesundet, können die üblichen Symptomtherapien kaum helfen.

Bei Ökostörungen muß die Therapie auf den gesamten Organismus ausgerichtet sein.

Ich bitte Petras Mutter, eine Stuhlprobe von Petra, eine Schleimprobe nach dem nächsten Hustenanfall und zwei Abstriche vom Hals und äußeren Scheidenbereich an ein Speziallabor zu senden (warum das so wichtig ist, davon später mehr).

Ganzheitliche Systemtherapie

Gleichzeitig verordne ich Petra folgende Präparate:

- Dauertherapie für mindestens 6 Wochen mit Bakterienpräparaten zum Symbioseaufbau für den Dünn- und Dickdarm
- Bakterien- und Pilzpräparate zum Inhalieren für den Symbioseaufbau in Lunge und Hals-Rachen-Raum
- Mineralstoffpräparate und Vitamine als Katalysatoren
- Lymph-, Leber- und Nierenmittel für die Entgiftung und Ausleitung von Giften
- Bakteriennosoden zur Immunstabilisierung
- Konstitutionstherapie
- Ganz klare Anweisungen für die Ernährung
- ... und ein dringender Hinweis an die Mutter: Wenn möglich, weg mit dem Zuckerzeug!

(Zum Verständnis der Therapie lesen Sie bitte Kapitel 8)

Den Einsatz des Antibiotikums behalten wir uns noch offen für den Fall, daß sich der Infekt verschlimmert.

Gleichzeitig bitte ich die Mutter, im Moment keine chemischen Fiebersenker zu geben, sondern mich anzurufen, falls das Fieber steigen sollte. Für das hohe Fieber bekommt Petra das homöopathische Einzelmittel Aconitum und – wenn das Fieber sinkt – Belladonna und Ferrum phosphoricum sowie einige andere homöopathische Mittel, die in einem bestimmten Rhythmus einzunehmen sind.

Beachten Sie

Dieser Krankheitsbericht ist nichts Außergewöhnliches. Immer mehr Kinder leiden heute an Infektanfälligkeit, sind also scheinbar ständig krank, erscheinen irgendwie gedrückt statt fit und fröhlich. Und sehr häufig leiden sie zusätzlich an Allergien.

Den Zusammenhängen zwischen diesen Krankheitsbildern wollen wir in diesem Buch auf den Grund gehen.

Bakterien und Kleinpilze

2 KAPITEL

Unsere ganze Natur ist ohne Bakterien und Kleinpilze undenkbar

Die Ursachen für die Infektanfälligkeit Ihres Kindes sind mannigfaltig. Ungesunde, chemieüberladene, übersüße Ernährung und Abwehrschwäche spielen ebenso eine Rolle wie die Störungen des natürlichen Gleichgewichts der körpereigenen Bakterienwelt (Mikrobiologie).

Für die Infektanfälligkeit eines Kindes gibt es viele Ursachen.

Für ein besseres Verständnis dieser Zusammenhänge ist es zunächst wichtig, einen Einblick in die Bedeutung von Bakterien und Pilzen sowie deren krankmachende Wirkung zu bekommen. Dazu eine kurze Einführung in die Welt dieser mikroskopisch kleinen Lebewesen.

Biorecycling

Wohl jeder kennt den Vorgang der Kompostierung von Garten- oder Küchenabfällen. Biorecycling sagt man heute dazu. Und genau dasselbe geschieht ständig in unvorstellbarem Ausmaß in der Natur; denken wir nur an die Verrottung der vielen Tonnen von Blättern, die im Frühjahr wieder zu fruchtbarer Gartenerde geworden sind.

Die mikroskopisch kleinen »Heinzelmännchen«, die diese Aufgabe von Umsetzung und Rückgewinnung von Rohstoffen Tag für Tag mit Bravour erledigen, sind verschiedenste Arten von Bakterien und teilweise auch Kleinstpilzen.

Allgemein gilt

Bakterien und **Kleinpilze** sind lebendige Kleinstlebewesen mit einem hochkomplizierten Stoffwechsel. Sie leben von den Abfällen der Natur, d.h. von organischem Material, das sie mit ihren hochreaktiven Enzymen in Kontakt bringen.

Das organische Material wird durch diesen Prozeß aufgespalten (zersetzt) und über den Stoffwechsel der Mikroorganismen umgewandelt. Die Ausscheidungen bilden den neuen »Rohstoff«, der dann der Natur wieder zur Verfügung steht.

In jedem Quadratmeter Boden findet man Milliarden von Bakterien und Pilzen, die organisches Material aufspalten.

Unsere gesamte Natur ist ohne Bakterien und Kleinpilze, die für uns Menschen völlig unsichtbar sind, undenkbar. Jedes Gramm Erde enthält Millionen verschiedenster Mikroorganismen, die dort ihre nützliche Arbeit verrichten. Sie sitzen dicht an dicht auf den Blättern der Pflanzen, auf Holz, auf Bauwerken, auch in unseren Wohnungen auf den Tapeten, im Fußboden, in den Sitzmöbeln und im Kühlschrank und auch auf oder teilweise sogar in unserer

Nahrung. Sie besiedeln alle lebenden und toten Organismen – natürlich auch uns Menschen.

Wie können Bakterien und Pilze Krankheiten erzeugen?

Neben diesen für die Natur unverzichtbaren Funktionen verfügen manche Bakterien und Pilze aber auch über krankmachende Mechanismen:

Krankmachende Wirkungen von Bakterien und Pilzen

1. Durch ihre natürliche Arbeitsweise: Zersetzen.
   Das kann man z.B. bei einer Streptokokkeninfektion im Hals-Rachen-Raum mit dem bloßen Auge beobachten. Die Schleimhäute sind angegriffen und deshalb hochrot entzündet. Bakterien zersetzen eben. Es ist ihre natürliche Arbeit in unserer Natur. Sie zersetzen auch unsere Schleimhäute, wenn sie sich darauf niedergelassen haben. Stellen Sie sich bitte das gleiche Prinzip einmal im Darm, in den Nieren, in der Blase, in der Lunge oder in der Stirnhöhle vor.

2. Durch ihre Ausscheidungen: Ektotoxine.
   Insbesondere die Ausscheidungen bestimmter Bakterien stellen für unseren Organismus (Zellen, Immunsystem usw.) hochbelastende Giftstoffe dar (z.B. können bestimmte Kolibakterien mit ihren Ausscheidungsgiften plötzlich auftretende, heftige Durchfälle verursachen, was besonders in südlichen Ländern häufiger vorkommt).

3. Durch ihre Zerfallsgifte: Endotoxine.
   Wenn bestimmte Bakterien oder Pilze in unserem Körper zerfallen, so werden Stoffwechselprodukte frei, die oft auf den menschlichen Organismus giftig (toxisch) wirken können (problematisch z.B. bei Antibiotika- und antimykotischen Therapien!).

Wichtig

Nur eine kleine Gruppe von Bakterien und Pilzen zeigt genau diese krankmachenden Mechanismen. Man nennt sie deshalb in der Fachsprache **pathogene**, d.h. krankmachende Bakterien oder Pilze. Die meisten Bakterien oder Pilze unserer Welt sind jedoch harmlos (apathogen).

Krankheit, Seuchen und Tod durch Bakterien

In früheren Jahrhunderten wüteten in Mitteleuropa schlimme Seuchen und Epidemien, die Millionen von Menschen, insbesondere Alte, Immunschwache und Kinder, ins Grab gebracht haben.

Hilfreiche Medizin im heutigen Sinn gab es damals noch nicht. Im Mittelalter sah man die großen Seuchen vielmehr als göttliche Strafgerichte an.

In Wirklichkeit waren die Auslöser für das menschliche Auge unsichtbare Mikrolebewesen, d.h. Bakterien. Sie waren für die »großen« Krankheiten wie Pest, Cholera, Diphtherie, Ruhr, Typhus, Tripper, Syphilis und Tbc verantwortlich.

Im 16. Jahrhundert gab es erste Vermutungen, daß diese todbringenden Krankheiten durch kleine unsichtbare Partikel ausgelöst werden könnten.

Im 19. Jahrhundert erkannte Louis Pasteur in Mikroorganismen die Auslöser vieler Krankheiten.

Im 19. Jahrhundert schließlich erkannte der Chemiker und Mikrobiologe Louis Pasteur, daß Mikroorganismen die wahre Ursache für viele Krankheiten von Mensch und Tier sind. Er entwickelte daraufhin eine Methode, diese Erreger abzutöten, das **Sterilisieren** oder **Pasteurisieren**, d.h. das Abtöten der Erreger durch Erhitzen. Er entwickelte als erster Schutzimpfungen gegen Tollwut, Milzbrand, Schweinerotlauf und Hühnercholera.

Nach und nach wurden dann die verschiedenen Bakterien bzw. Erreger der großen Infektionskrankheiten isoliert.

Wichtig

Pilze als Krankheitserreger standen damals noch nicht im Blickfeld der Medizin!

Antibiotika töten Bakterien

Nach der Entdeckung der krankmachenden Bakterien konzentrierten sich Medizin und Forschung darauf, Mittel und Wege zu finden, um diese krankmachenden Mikroorganismen vernichten und endlich die vielen oft tödlichen Krankheiten besiegen zu können.

Im Jahre 1928 kam Dr. Alexander Fleming, Leiter des St.-Mary-Hospitals in London, der Zufall zu Hilfe. Eines Tages sah er, daß sich Schimmelpilze auf dem Nährboden, auf dem er normalerweise Bakterien züchtete, angesiedelt hatten. Erst war sein Ärger groß, denn ein steriles Labor und Schimmelpilze – das ist einfach unmöglich. Dann sah er aber unter dem Mikroskop, daß alle Bakterien in der Nähe der Schimmelpilze tot waren.

1928 entdeckte Alexander Fleming die antibakterielle Wirkung von Schimmelpilzen.

Er wiederholte diesen Versuch ganz bewußt mit dem gleichen Ergebnis und erkannte: Schimmelpilze wehren sich durch ihre Stoffwechselprodukte (Ausscheidungen) gegen ihre schärfsten Feinde, nämlich zersetzende Bakterien.

Diese Entdeckung war die Geburtsstunde des bakterientötenden Stoffs, einer organischen Säure des Schimmelpilzes Penicillium notatum. Man nannte ihn später **Penicillin**. Die Medizinwelt atmete auf; endlich hatte man ein Mittel gefunden, mit dem man bakterielle Erreger abtöten und die großen Seuchen bekämpfen konnte.

Allgemein gilt

Als Oberbegriff bekamen diese neuen Arzneimittel den Namen **Antibiotika**: gr. anti = gegen und gr. bios = das Leben (= gegen das Leben der Bakterien gerichtet).

Fortan wurde die Antibiotika-Forschung zu einer der größten Aufgaben der Medizin. Dabei wurden immer neue Antibiotika entwickelt, und zwar im wesentlichen mit zwei verschiedenen Wirkungsmechanismen.

1. Bakteriostatische Wirkung:
   Die Antibiotika hemmen das Wachstum von Bakterien und damit ihre Vermehrung.
2. Bakterizide Wirkung:
   Die Antibiotika töten die Bakterien ab.

Das große Problem heute: resistente Bakterien

Fast 70 Jahre nach der Entdeckung Alexander Flemings stehen der Medizin mehr als 500 verschiedene Antibiotika

Heutzutage stehen uns mehr als 500 Antibiotika zu Verfügung.

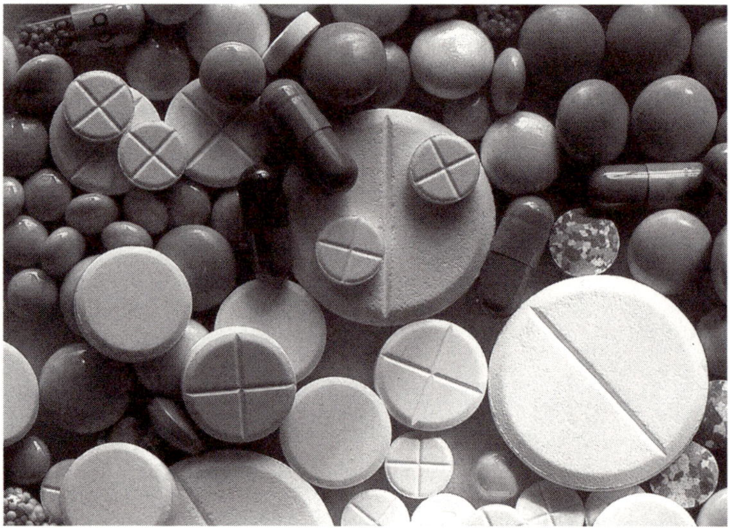

zur Verfügung, größtenteils Breitspektrum-Antibiotika, die gegen mehrere Bakterienarten gleichzeitig wirken. Ihr Einsatz hat dazu geführt, daß es die großen Infektionskrankheiten und deren Folgen in den westlichen Industrieländern kaum mehr gibt.

Dafür werden aber seit Jahrzehnten oft viel zu häufig für kleine und mittlere Infekte Antibiotika eingesetzt, insbesondere bei Kindern, was im Lauf der letzten Jahre zu einem ernsten Problem führte: der Resistenz und Mutation der Mikroorganismen. Mikrobiologen, die diese Wandlungsfähigkeit von Organismen sehr wohl kennen, haben schon lange davor gewarnt.

Bei kleineren Infekten werden viel zu häufig Antibiotika eingesetzt.

Da sich Bakterien unter Idealbedingungen alle 20 bis 30 Minuten teilen (fortpflanzen) können und gleichzeitig noch in riesiger Zahl auftreten, besteht immer wieder die Möglichkeit, daß einige von ihnen einen genetischen Prozeß durchmachen. Ihr Erbmaterial verändert sich, so daß sie und ihre Nachkommen plötzlich neue Eigenschaften aufweisen. Dadurch können sie beispielsweise in einem vorher todbringenden Raum überleben, z.B. in einem Raum, in dem immer wieder Antibiotika oder Desinfektionsmittel eingesetzt werden.

Allgemein gilt

Diese genetischen Veränderungen nennt man Mutation. Die Widerstandsfähigkeit gegen schädliche Einflüsse von außen heißt Resistenz.

Auch Breitspektrum-Antibiotika bieten heute keine Therapiesicherheit mehr

Der Einsatz eines Breitspektrum-Antibiotikums, das gegen verschiedene Erreger wirksam sein soll, gibt heute keine echte Therapiesicherheit mehr. Es ist dabei nicht gewährleistet, daß die Erreger auch wirklich alle vernichtet werden. Vielmehr muß man immer damit rechnen, daß neue oder weitere Mutationen entstehen bzw. geradezu Resistenzen gezüchtet werden.

Deshalb wird bei schweren bakteriellen Infekten, insbesondere im Krankenhaus, teilweise schon mit Antibiotika-Cocktails, einem Mix mehrerer Breitspektrum-Antibiotika, therapiert. Damit soll verhindert werden, daß Superinfektionen entstehen. Das Risiko der Mutation bzw. Resistenz muß bei solchen Therapien in Kauf genommen werden, um Leben zu retten.

Problemkeime in Krankenhäusern

Immer ungünstiger stellt sich daher die Situation in Krankenhäusern, Kliniken, Sanatorien usw. dar. Der jahrzehntelange Dauereinsatz von Desinfektionsmitteln, Antibiotika usw. hat gerade in diesen Häusern zu einer un-

Die strengen Hygienevorschriften im Krankenhaus haben leider einen schlimmen Nebeneffekt: Die Zahl hochresistenter Keime nimmt zu.

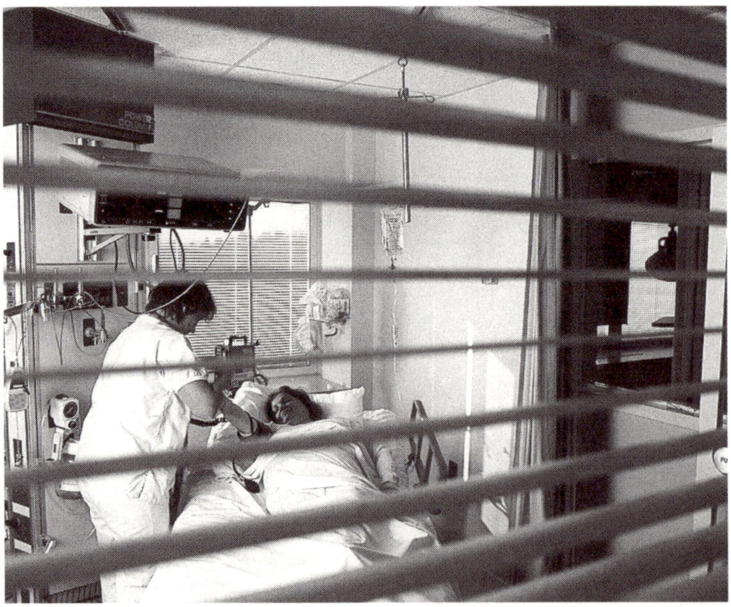

sichtbaren Entwicklung von (multi-)resistenten Staphylokokken, Streptokokken, Kolibakterien, Candidapilzen usw. geführt, die teilweise durch kein Desinfektionsmittel mehr wirksam ausgerottet werden können. Man nennt sie einfach »Problemkeime«.

Diese **Problemkeime** sind in diesen Häusern überall in der Luft, an den Wänden, in den Betten, auf den Instrumenten usw. vorhanden. Sie besiedeln Schwerkranke, Immunschwache, Infektanfällige, Operierte und wirken bei diesen abwehrschwachen Kranken sofort wieder krankmachend. Dies erfordert wiederum eine erweiterte antibiotische Therapie – ein Teufelskreis beginnt.

Achtung

Besonders verhängnisvoll kann sich diese Situation in Geburtskliniken auswirken. Denn hier werden Neugeborene sehr häufig genau von diesen Problemkeimen besiedelt und bekommen damit eine schwere Hypothek für ihre zukünftige Gesundheit (siehe auch Kapitel 7, Seite 97ff.).

3 KAPITEL

Mikrobiologische Besiedlung des kindlichen Organismus

Ökosystem Mensch

Ein Wald, ein Berg, ein Riff – es wird als selbstverständlich angesehen, daß die Natur aus großen und kleinen, hochkomplizierten Ökosystemen aufgebaut ist, von denen jedes einzelne einer bestimmten Ordnung folgt. Überträgt man das ganze auf den Menschen, dann klingt es oft sehr befremdlich.

Doch auch unser menschlicher Organismus besteht aus ähnlich angeordneten Systemen, die ökonomisch und ökologisch exakt ineinandergreifen und aufeinander abgestimmt sind.

Im Körper des Menschen gibt es sieben Hauptökosysteme.

Die sieben Systeme (siehe Abb. Seite 27) sind Verdauungs-, Blut-, Lymph-, Hormon-, Nerven-, Stoffwechsel- und Immunsystem. Sie sind feste Bestandteile des menschlichen Organismus.

Das 8. System jedoch ist im Lauf der Entwicklung »eingewandert«. Es ist das mikrobiologische System und umfaßt u.a. Darmflora, Hautflora, Lungenflora, Scheidenflora, Rachenflora. Es ist untrennbar mit den anderen Systemen verkoppelt, aber es reagiert äußerst empfindlich, wenn es gestört wird.

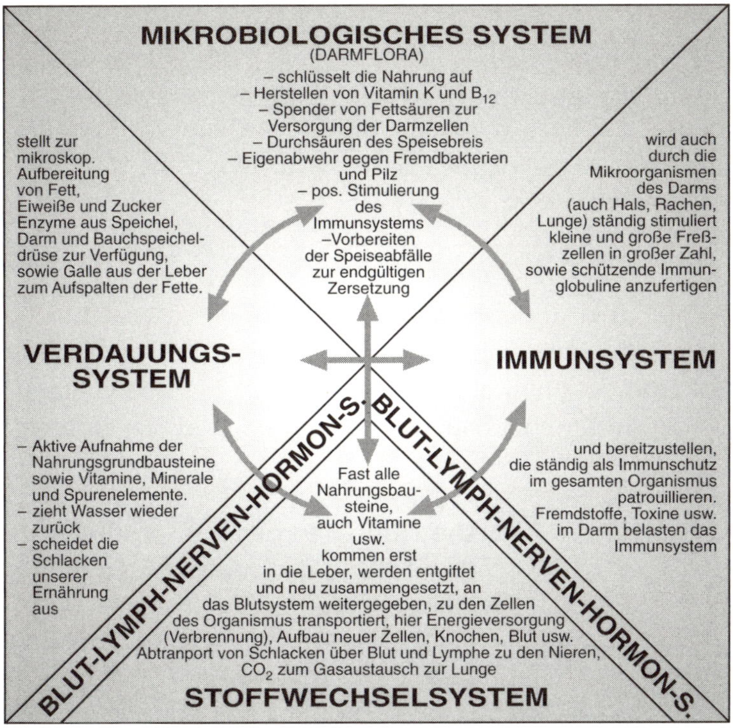

Die Ökosysteme im menschlichen Körper sind hochgradig vernetzt und aufeinander abgestimmt.

Wo immer man stört, man stört das ganze!

Egal, in welchen Bereich dieser 8 vernetzten Ökosysteme man eingreift oder stört – man stört immer das ganze, d.h. alle anderen Systeme werden von Störungen, Infektionen, Krankheiten usw. mitbetroffen.

Stört man ein Ökosystem, so sind alle anderen mitbetroffen.

Diese Störungen können sich wie eine Kettenreaktion durch alle Systeme in großer Geschwindigkeit fortsetzen und sich damit multiplizieren. Dies gilt weniger für alte Menschen, bei denen die Systeme schon teilweise schwach, verbraucht, insbesondere aber träge geworden sind.

Es gilt aber in jedem Fall für die noch sehr spontan reagierenden und häufig störanfälligen Ökosysteme unserer Säuglinge und Kinder.

Beachten Sie

Ein Ungleichgewicht kann sich als eine unterschwellige Störung, aber auch als ständiges Kränkeln, als Krankheit oder, wenn sich die Störung wie eine Kettenreaktion über mehrere Systeme fortsetzt, als schwere Krankheit äußern.

Die Stellen des Körpers, die mit der Außenwelt in direktem Kontakt stehen, sind besonders stark von Bakterien besiedelt.

Wenn man dieses Prinzip versteht, wird ersichtlich, warum die üblichen Symptomtherapien, die nur auf eine Beschwerde, nicht aber auf den ganzen Menschen ausgerichtet sind, weder dauerhaft helfen noch heilen können.

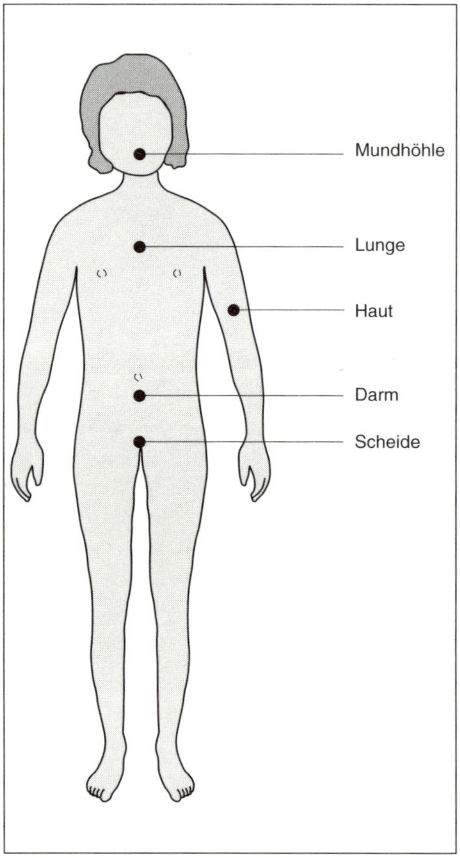

Die fünf Orte der bakteriellen Besiedlung des menschlichen Organismus

So wie die Fische das Wasser nicht bemerken, weil es ihr normales Lebenselement ist, so leben auch wir Menschen vom Moment der Geburt an in einem unsichtbaren Meer von Mikroorganismen (insbesondere Bakterien) in unvorstellbarer Zahl und Artenvielfalt. Deshalb können wir sagen, wir baden geradezu darin.

Zwangsläufig ist auch unser menschlicher Organismus überall dort, wo er mit der Luft Kontakt hat, von Bakterien besiedelt. Sie finden sich:

- auf der äußeren Haut
- im gesamten Hals-Rachen-Raum
- in allen Lungenflügeln, Bronchien usw.
- im gesamten Darmtrakt
- in der Scheide

Bakterien und Mensch – eine hochkomplizierte Lebensgemeinschaft

Die Bakterien leben mit uns Menschen an diesen fünf Orten in einer Gemeinschaft, die auf gegenseitigen Schutz und Nutzen ausgerichtet ist (Symbiose); wir sind geradezu voneinander abhängig.

Eine gesunde Bakterienflora schützt unseren Körper.

Mit jedem Zug atmen wir Billionen von Mikroorganismen ein und wieder aus. 100 000 bis 300 000 von ihnen leben auf jedem Quadratzentimeter der menschlichen Haut. Sie ernähren sich dort von Schweiß, abgestorbenen Hautzellen und anderen Sekreten. Als Gegenleistung halten sie unsere Haut sauber, ihre Ausscheidungen sorgen für einen günstigen pH-Wert (Säure-Basen-Wert).

Auch auf den Schleimhäuten des Hals-Rachen-Raums und in der Lunge findet sich eine dichte Bakterienflora, die dort die gleichen Aufgaben erfüllt.

Da auf diesen inneren Schleimhäuten aber ein anderes Milieu herrscht, haben sich hier andere Bakterienarten angesiedelt als auf der Außenhaut. Sie übernehmen und erfüllen aber grundsätzlich die gleichen typischen Symbioseaufgaben.

Eine Sonderstellung nimmt unser Verdauungstrakt ein, ebenso bei Frauen und Mädchen die Scheide, auf die ich später noch genau eingehen werde (siehe Seite 44f. und 95f.).

Beachten Sie

Auf der äußeren Haut und den Schleimhäuten wirken die Bakterien geradezu als Abwehrbarriere gegen Fremdkeime. Der restliche Organismus ist so geschützt, daß keine eigenen oder fremden Bakterien in ihn hineingelangen können, ja auch nicht dürfen, denn sie könnten dort Krankheiten auslösen.

Kindliche Darmflora – das unbekannte Organ

Da gerade eine gesunde und stabile Darmflora mit der ihr eigenen Mikro-Bio-Ökologie ein Garant für Gesundheit ist, auf der anderen Seite eine gestörte oder zerstörte Darmflora ein hohes gesundheitliches Risiko in sich birgt, kommt ihr eine besondere Bedeutung zu. Dies gilt ganz besonders für die sensible Mikro-Bio-Ökologie der Kinder.

Allgemein gilt

Die Bakterien der kindlichen Darmflora sind potente Lebenspartner, die nützen und schützen.

Die Bakterien unserer Darmflora, auch die Flora auf unserer Haut sowie die Rachen-, Lungen- und Scheidenflora, sind nicht nur unsere Untermieter, wie es oft dargestellt wird. Sie sind unsere naturgewollten Lebenspartner, die uns mit ihren eigenen Lebenssystemen von Nutzen sind.

Die Darmflora hat im Lauf der Evolution viele Aufgaben für die Gesunderhaltung unseres Körpers übernommen:
- im Stoffwechsel
- in der Verdauung
- in der positiven Immunstimulation
- bei der Abwehr von Fremdkeimen

Ihre Tätigkeit kommt der Arbeitsleistung eines ganzen Organs gleich.

Wichtig

Neuere Forschungsergebnisse im Bereich der Mikrobiologie zeigen deutlich: Ohne eine stabile, gesunde und intakte Darmflora ist ein gesundes Leben fast nicht möglich. Schon Metschnikoff, Schüler von Louis Pasteur, prägte um 1900 den Satz: »Der Tod liegt im Darm«!

Die Zusammensetzung der Darmflora

Die mikrobiologischen Forschungen der letzten Jahrzehnte haben gezeigt, daß im Darmsystem oft 400 bis 500 verschiedene Bakterienfamilien zu finden sind. Davon werden in Laboruntersuchungen aber gewöhnlich nur 15 bis 20 Hauptkeimarten nachgewiesen, weil diese die Hauptaufgaben aller Spezies der Darmflora übernehmen.

Die Abschnitte des Magen-Darm-Traktes werden von unterschiedlichen Bakterienarten besiedelt.

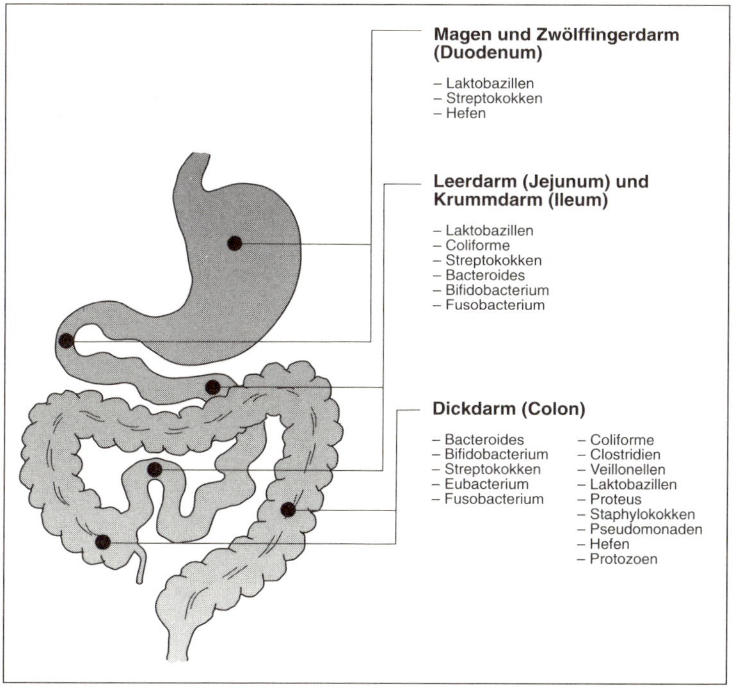

Die in der Abbildung nicht benannten Keime sind wechselnde Begleiter von meist untergeordneter Wichtigkeit.

Billiarden von Bakterien bilden die Darmflora

Die Gesamtzahl der Bakterien im Darmsystem wird auf 10^{14} Spezies berechnet. Die nachfolgende Tabelle vermittelt einen kleinen Einblick in die Artenvielfalt und die Keimzahlen der Bakterienflora im Stuhl und der Pilzkulturen im gesunden Darm.

Keimzahlen der Stuhlbakterienflora (Normbereiche)

1. Aerobe Bakterien (brauchen zum Leben Sauerstoff)	
Escherichia coli	10^6 bis 10^7
Enterobacteriaceae	10^2 bis 10^5
Enterococcus sp.	10^6 bis 10^7
Pseudomonas sp.	10^2 bis 10^4
Staphylococcus sp	10^2 bis 10^4
Streptococcus sp.	10^5 bis 10^7
Serratia sp.	10^2 bis 10^4
2. Anaerobe Bakterien (vertragen keinen Sauerstoff)	
Bacteroides sp.	10^8 bis 10^{10}
Clostridium sp.	10^2 bis 10^6
Bifidobacterium sp.	10^8 bis 10^{10}
Lactobacillus sp.	10^5 bis 10^7
Streptococcus sp.	10^8 bis 10^{10}
Fusobacterium sp.	10^8 bis 10^{10}
Eubacterium sp.	10^8 bis 10^{10}
3. Pilze	
Candida sp. (neue Festlegung)	max. 10^2
Aspergillus sp. (Schimmelpilze)	–
Geotrichum sp. (Milchschimmel, neue Festlegung)	max. 10^2
Andere Mikroorganismen	max. 10^2
4. Krankmachende Bakterien: Enteritis-Erreger (dürfen in einer Stuhlflora nicht beinhaltet sein)	
Salmonella sp.	–
Shigella sp.	–
Yersinia sp.	–
Campylobacter sp.	–
Pathogene Kolibakterien	–

Angaben in koloniebildenden Einheiten/g Fäzes (= Stuhl)
sp. = spezies

Bakterienflora des Dünndarms

Im gesunden Zustand besteht die Dünndarmflora des Kindes und des Erwachsenen überwiegend aus Lactobazillen, Bifidobakterien und einigen Enterokokken.

Die Stoffwechselprodukte, d. h. die Ausscheidungen der Lactobazillen und Bifidobakterien sind wichtige Säuren, die den Nahrungsbrei im Dünndarm kräftig ansäuern; der pH-Wert beträgt schließlich ca. 5,8. Lactobazillen und Bifidobakterien können auch Kohlenhydrate verwerten und daraus Säuren bilden. Dieser Säureschutz ist wichtig gegen aufsteigende Keime aus dem eigenen Dickdarm, die sich in diesem sauren Milieu nicht wohlfühlen.

Allgemein gilt

Wird die Bakterienflora des Dünndarms gestört, z. B. aufgrund von Antibiotikatherapien, Umweltbelastungen, Fehlernährung, Fremdkeimen, Schmerzmittel, Kortison usw., so können massive Verdauungsprobleme auftreten, die dem Kind oft schwer zusetzen.

Bakterienflora des Dickdarms

Wenn der Speisebrei aus dem Dünndarm durch Muskelbewegung in den Dickdarm gelangt ist, besteht er aus den nicht mehr verwertbaren Resten unserer Nahrung. Sie werden nun von der Dickdarmflora für den letzten Zersetzungsvorgang in der Natur vor- bzw. aufbereitet. Deshalb nennt man die Dickdarmflora auch Fäulnisflora. Fäulnis bedeutet in diesem Fall zersetzen! Ein Drittel der Stuhlmasse besteht allein aus Bakterien!

Gesunde Darmflora – gesunder Mensch

Die Bakterien sind an der Aufspaltung der Nahrung aktiv beteiligt, denn sie bereiten die Nahrungsgrundbausteine so vor, daß der Organismus sie leicht aufnehmen kann. Erst ihre Arbeit schafft die Voraussetzung für eine gesunde Verdauung.

In den Ausscheidungen, d.h. in den Stoffwechselprodukten der Darmflora befinden sich wichtige Vitamine, z.B. Vitamin K und Vitamin B_{12}, die der Organismus nicht selbst herstellen kann.

Merke

> Ohne die Vitamine der Darmflora würde der menschliche Organismus in kürzester Zeit unter schwerem Vitaminmangel leiden.

Ihre Stoffwechselprodukte beinhalten ferner

- L(+)-Milchsäuren,
- kurzkettige Fettsäuren wie Propion-, Buron- und Buttersäure sowie
- Essigsäuren, welche insbesondere die Dickdarmzellen selbst als Energieträger für ihren eigenen Betriebsstoffwechsel benötigen.

Gleichzeitig schaffen die Stoffwechselprodukte im ganzen Darm ein saures Lebensmilieu, das für Schadbakterien, die wir oft mit der Nahrung aufnehmen, geradezu lebensfeindlich ist. Damit werden Infektionen durch andere Bakterien weitgehend verhindert.

Die gesunde Darmflora sorgt für einen gesunden Stuhlgang.

Ihre natürlichen Ausscheidungen geben dem Darm einen ständigen Reiz, den Speisebrei zu kneten und in Richtung Dickdarm und After zu bewegen. Damit ist ein regelmäßiges, möglichst tägliches Ausscheiden von körpereigenen Schlacke- und Abfallstoffen sowie abgestorbenen, überzähligen oder krankmachenden Organismen sichergestellt:

Der Stuhlgang ist normal.

Vorsicht

Bei Störungen der kindlichen Darmflora, auch bei nicht regelmäßigem Stuhlgang (Verstopfung!) besteht die Gefahr, daß durch die ständig weitergehende Zersetzungsarbeit der Bakterien im Darm Gärungs- und Fäulnisprozesse ablaufen; dabei entstehen hochbelastende Zersetzungs- und Fäulnisgase. Die Folgen davon sind häufig unerkannte Belastungen für Leber, Stoffwechsel, Immunsystem und Nervensystem.

Die Bakterien selbst, ihre Stoffwechselprodukte und ihre Zerfallsprodukte sind ein ständiger positiver Reiz für das Immunsystem. Es wird ständig stimuliert, Abwehrzellen (weiße Blutkörperchen) und eine Vielzahl von Immunglobulinen herzustellen, die das Kind schützen.

Natürliches Antibiotikum gegen Artgenossen

Die Bakterienflora schützt uns (also den Wirt) und sich selbst vor anderen bakteriellen Eindringlingen (Nahrungskonkurrenten) durch ihre eigenen Ausscheidungen, die wie ein natürliches Antibiotikum auf fremde Artgenossen wirken. Allein ihre Anwesenheit bei gesunder und richtiger Zusammensetzung verhindert damit einen Großteil von möglichen Infektionen durch andere Bakterien und Pilze.

Die natürliche Bakterienflora des Darms schützt vor vielen Infektionen.

Süßigkeiten machen die kindliche Darmflora krank

All ihre wertvollen Dienste in diesem mikrobiologischen Ökosystem Mensch–Bakterien können sie uns aber nur erbringen, wenn wir ihnen in unserem Darm ein gesundes Lebensmilieu bieten, z.B. durch eine naturgemäße gesunde Ernährung, durch eine vernünftige Lebensweise und durch Medikamente, die nicht unbedingt störend oder zerstörend wirken.

Wichtig

Viele Krankheiten unserer Kinder bzw. Störungen der kindlichen Darmflora entstehen durch den heutzutage leider üblichen, aber meist viel zu hohen Zuckerkonsum. Süßigkeiten sind bei unseren Kindern Krankmacher Nummer 1! Sie machen als Vitamin- und Mineralstoffräuber auch die Darmflora krank, fördern Pilzbefall und unsichtbar eine ganze Reihe weiterer Krankheiten!

Symptome bei Kindern, die auf eine gestörte Darmflora hindeuten

Es gibt zahlreiche Symptome, die auf eine Störung der kindlichen Darmflora hindeuten können:

Anzeichen für eine Störung der kindlichen Darmflora

- Das Kind leidet oft an Hauttrockenheit, Hautunreinheiten, evtl. allergischen Ekzemen, Heuschnupfen oder Neurodermitis, wie die Erfahrung zeigt.
- Andere Kinder machen einen (etwas) müden, trägen, abgeschlagenen Eindruck, oft gepaart mit einem gewissen Unwohlsein, auch Eßunlust oder Ablehnung bestimmter Speisen bis hin zu depressiven Schüben, die man bei Kindern eigentlich noch nicht vermuten würde.
- Auch Kopf- bzw. Gliederschmerzen können sich einstellen, die ein kleines Kind aber oft nicht ausdrücken kann; es klagt dann eher über Bauchschmerzen.
- Da eine Störung der kindlichen Darmflora oft auch das Nervensystem belastet, kann sich das bei wieder anderen Kindern in Form von Schlaf- oder Konzentrationsstörungen, Zappelphilipp-Verhalten bis hin zu Hyperaktivität und ständigen Bauchschmerzen auswirken.

Störungen der Darmflora belasten das kindliche Immunsystem

Fehlbesiedlung mit krankmachenden Bakterien oder Pilzen, deren toxische Ausscheidungen oder Veränderungen der Keimzahl können das kindliche Immunsystem schwer belasten. Häufige Folgen sind Allergien, z.B. Hautausschläge, Ekzeme, Neurodermitis usw.

Oder aber das kindliche Immunsystem ist mit der Abwehr von Schadbakterien, Pilzen und deren Giften aus dem Darm so stark beschäftigt, daß es z.B. im HNO-Bereich Abwehraufgaben nur noch ungenügend wahrnehmen kann. Die Folge davon kann eine ständige Infektanfälligkeit sein!

Ist das Immunsystem des Kindes durch Pilze im Darm etc. ständig belastet, so kann eine dauernde Infektanfälligkeit die Folge sein.

Wer denkt schon an Störungen der Darmflora, wenn sein Kind z.B. unter Mittelohrentzündung, Hals-Rachen-Entzündung, Blasenentzündung, später Stirnhöhlenentzündung oder eben unter einer allgemeinen Infektanfälligkeit mit Dauerschnupfen und Husten leidet?

Ohne mikrobiologische Untersuchungen geht es nicht

Da eine unsichtbar gestörte Mikrobiologie (Darmflora, Rachenflora, Lungenflora, Scheidenflora, Hautflora) seelische und körperliche Störungen auslösen kann, ist es im Krankheitsfall geradezu zwingend notwendig, mikrobiologische Untersuchungen (Stuhlprobe, Abstriche usw.) von einem Speziallabor durchführen zu lassen.

Ich habe es schon oft erlebt: Erst die (oft ungünstigen) Laborergebnisse einer mikrobiologischen Breitspektrum-Untersuchung (z.B. der gesamten Darmflora) haben die Hintergründe jahrelanger, von vielen Behandlern unerkannter Krankheitsketten deutlich gemacht.

In letzter Zeit kommen mikrobiologische Laboruntersuchungen verstärkt zum Einsatz; allerdings werden aus Kostengründen meist nur isolierte Untersuchungen, z.B. auf Candidabefall oder Salmonellen, durchgeführt.

Vorsicht

Diese Mono-Untersuchungen sind irreführend. Sie liefern keine gültige Aussage über den Zustand des gesamten Ökosystems. Der Nachweis nur eines Keimes, z.B. Candida allein, rechtfertigt noch keine Diagnose.

Standarduntersuchungen

Mikrobiologische Labors bieten folgende Standarduntersuchungen an:

- Wie setzt sich die vorhandene Flora zusammen (Verhältnis Bakterien/Pilze)?
- Wie hoch ist die Keimzahl der vorgefundenen Spezies?
- Sind Fremdkeime, d.h. nicht zur Normalflora gehörende Bakterien und Pilze vorhanden (welche, in welcher Keimzahl)?
- Sind diese krankmachend?
- Liegt Wurmbefall (Wurmeier) vor (ist gerade bei Kindern, v.a. wenn Haustiere da sind, sehr wichtig)?

Diese Ergebnisse sind für den kundigen Behandler wie ein offenes Buch. Denn wenn sich z.B. die Normalflora des kindlichen Darms in ihrer Zusammensetzung und Keimzahlhöhe verändert hat, sich vielleicht sogar noch Fremdkeime eingenistet haben, bedeutet dies für das Kind eine hohe Belastung seiner Ökosysteme und damit einen schwelenden Krankheitszustand.

Zusatzuntersuchungen

Nützlich können noch folgende Untersuchungen sein:

- Stimmt der Säure-Basen-Wert (pH-Wert)?
- Sind die Enzyme aus der Bauchspeicheldrüse (Pankreas) sowie Galle und Darmschleim vorhanden und wirken sie optimal?

- Ist Blut im Stuhl?
- Zusatzuntersuchungen wie Resistenzbestimmungen usw.

Die meisten Ergebnisse zeigen Störungen

Die meisten mikrobiologischen Laborergebnisse sind geradezu deprimierend. Sie zeigen oft schlimme Störungen der Normalflora, häufig auch ein komplett umgekipptes mikrobiologisches Ökosystem, das oft noch mit Fremdkeimen besiedelt ist. Hinzu kommt ein dramatisches Ungleichgewicht in den Keimzahlen, und das insbesondere bei Kindern – oft schon bei Säuglingen.

Natürlich ist unsere Darmflora sehr dynamisch. Sie paßt sich schnell an Veränderungen an (z.B. Auslandsaufenthalt, andere Ernährungsweise). Aber die Grundtendenz – gesunde, gestörte oder kranke Flora – bleibt im Normalfall erhalten:

Bedeutung der Darmflora für den Organismus

- Eine **gesunde Flora** ist stabil, wehrt fremde Keime ab, ist nicht so leicht störbar, regeneriert schnell.
- Eine **gestörte Flora** ist labil, belastet das Immunsystem und den kindlichen Organismus.
- Eine **fehlbesiedelte, kranke Flora** ist höchst störanfällig. Sie belastet hochgradig das kindliche Immunsystem und die anderen Ökosysteme. Folge ist eine bunte Reihe von Krankheitssymptomen.

Erst mikrobiologische Untersuchungen schlüsseln die Hintergründe dazu auf. Adressen mikrobiologischer Labors finden Sie im Anhang, Seite 122.

4 KAPITEL

Kindliches Immunsystem: lebensrettend und lebenserhaltend

Ganze Büchereien könnte man heute mit dem Wissen um unser Immunsystem füllen, denn Wissenschaft und Forschung entdecken ständig neue Einzelheiten. Da die Infekte und Infektanfälligkeit unserer Kinder zwangsläufig etwas mit der Reaktionsweise ihres Immunsystems zu tun haben, ist es sinnvoll, sich mit der grundsätzlichen Funktionsweise des Immunsystems ein wenig vertraut zu machen.

Das Immunsystem hat viele verschiedene Abwehrzellen, um seine Aufgaben zu erfüllen.

Damit die krankmachenden Bakterien, Pilze und Viren sowie andere Fremdstoffe vom Körper abgewehrt werden können, hat die Natur den tierischen bzw. menschlichen Organismus im Laufe der Evolution mit einem präzise arbeitenden Immunsystem ausgerüstet. Es hat die Fähigkeit, abzuwehren, zu verteidigen oder selbst anzugreifen, um Eindringlinge, d.h. Krankheitserreger zu töten. Für diese Funktionen besitzt das Immunsystem eine Vielzahl von Abwehrzellen.

Freund oder Feind

Abwehrzellen müssen als erste Aufgabe lernen, die Zellen des eigenen Organismus zu schützen und nicht fälschlicherweise anzugreifen.

Jede andere Zelle, Bakterien, Pilze, Viren, Pollen, Staub usw., wird von den Abwehrzellen zunächst vorsichtig unter die Lupe genommen oder sofort als feindlich betrachtet.

Somit müssen die Abwehrzellen zwischen drei Situationen unterscheiden:

1. Körpereigene Zellen dürfen nicht angegriffen werden.
2. Harmlose Stoffe, z.B. Pollen, nicht krankmachende Bakterien, natürliche Nahrungsmittel usw., fallen unter den Begriff der Immuntoleranz. Sie provozieren keine Abwehr, aber eine gewisse Achtungshaltung.
3. Krankmachende Bakterien, Pilze, Viren, auch schädliche Schwebstoffe, Sporen, Toxine in der Nahrung usw. müssen vernichtet werden, wobei es oft zu einer massiven Immunreaktion in Form von Krankheit kommt.

Wann kommt es zum Einsatz der Abwehrzellen?

Wie funktioniert das Immunsystem?

Das Immunsystem umfaßt zwei große Aufgabengebiete:

- die allgemeine Abwehr und
- die spezifische Abwehr.

Weiße Blutkörperchen (Leukozyten)

Zur allgemeinen Abwehr gehören die weißen Blutkörperchen (Leukozyten) und die Freßzellen (Phagozyten). Sie haben diesen Namen bekommen, weil sie sich sofort auf jeden Feind stürzen, sich wie Quallen über ihn stülpen, ihn mit den aggressiven Enzymen in ihrem Innern in Kontakt bringen und ihn so in seine Bestandteile auflösen (ähnlich der Arbeitsweise von Bakterien und Pilzen).

Große Freßzellen (Makrophagen)

Wenn ein Infekt auftritt, aktivieren die kleinen Freßzellen ihre großen Brüder, die sogenannten Makrophagen. Es handelt sich dabei um große träge Freßzellen, die normalerweise nicht im Blut, sondern im Gewebe patrouillieren. Werden sie aber durch Lockstoffe aktiviert, entwickeln sie sich zu äußerst schnellen und hochaggressiven Gegnern. Sie stürzen sich sofort auf jeden Feind und vernichten ihn in der gleichen Art und Weise wie die Phagozyten, nur mit noch größerer Kraft.

Darüber hinaus gibt es ein weiteres, noch effektiveres System, das spezifische Abwehrsystem:

T-Zell-System

T-Zellen sind die absoluten Spezialisten unserer Abwehr mit übergeordneten Aufgaben. Sie bilden sozusagen den Planungsstab der Abwehrzellen (T-Helfer-Zellen) und das Immungedächtnis, das alle Feinde wiedererkennen kann, mit denen es je Kontakt hatte (T-Memory-Zellen).

Zu den T-Zellen gehören Suppressor- und Killerzellen.

»T« steht dabei für Thymusdrüse, den Ort, an dem die T-Zellen für ihre spezifischen Aufgaben geprägt werden.

T-Suppressor-Zellen sorgen dafür, daß nach einer Infektion das hochgerüstete Immunsystem wieder auf seinen Normalzustand zurückgeführt wird.

T-Killer-Zellen gehören zu den stärksten Waffen des Immunsystems. Es sind bestimmte T-Zellen, welche die Feinde, auf die sie spezialisiert sind, abtöten.

Warum Kinderkrankheiten so wichtig sind

»Was Hänschen nicht lernt, lernt Hans nimmermehr«, sagt der Volksmund. Beim T-Zell-System als Leitsystem unserer Abwehr stimmt das ganz genau.

Wichtig

Ohne ein schlagkräftiges T-Zell-System gerät die Abwehr des Kindes und später des Erwachsenen in einen oft problematischen Zustand.

Die Folgen sind häufig sichtbar: Da die meisten Kinder aufgrund von Impfungen keine wichtigen Kinderkrankheiten mehr bekommen (dürfen), sie aber auf der anderen Seite viel zu häufig bei Banalinfekten mit Antibiotika und Fiebersenkern, teilweise auch mit anderen chemischen Arzneimitteln behandelt werden, hat das kindliche Immunsystem kaum die Chance, Krankheitserreger und deren krankmachende Mechanismen richtig kennenzulernen, Krankheiten voll zu durchleben und sie naturgemäß zu bekämpfen und zu beenden, d. h. Abwehrkräfte aufzubauen. Somit fehlen dem kindlichen Immunsystem viele Immunerfahrungen für später – und das Leben hat meist noch 70–80 Jahre vor sich.

B-Zell-System: schützende Immunglobuline

Die B-Zellen (auch B-Lymphozyten oder Immunglobuline genannt), gehören zur zweiten Säule der spezifischen Immunabwehr. Auch sie müssen, wie die T-Zellen, erst einmal Kontakt mit ihrem Feind haben, bevor sie ihn angreifen und blockieren können. Dabei spielt sich – bildhaft dargestellt – folgender Vorgang ab:

Nehmen wir einmal an, unser Kind hat das allererste Mal in seinem Leben eine Streptokokkeninfektion. Ein weißes Blutkörperchen bringt nun ein Streptokokkenbakterium zur T-Helfer-Zelle. Diese befragt ihr Immungedächtnis (T-Memory-Zelle), und beide erkennen aufgrund der krankmachenden Wirkung dieses Bakteriums seine Feindlichkeit.

Zu den Aufgaben des B-Zellen-Systems gehört es, Antikörper gegen bestimmte Erreger auszubilden.

Sofort werden nun die weißen Blutkörperchen zur Bekämpfung des Eindringlings von normal ca. 5.000 auf 15.000 bis 20.000 Abwehrzellen pro Tropfen Blut erhöht; zusätzlich wird das T-Zell-System, aber insbesondere das B-Zell-System aktiviert, die wirksame Antikörper gegen den Erreger ausbilden.

Immunglobuline: Schlüssel und Schloß

Spezielle Immunzellen speichern die Kennungen eingedrungener Fremdstoffe.

Die Immunzellen des T- und B-Zell-Systems müssen allerdings zur wirksamen Abwehr die Kennungen der Feinde, die sich auf der Zellmembran befinden, einzeln direkt kennenlernen. Sie müssen im Lauf der kindlichen Entwicklung des Immunsystems mit allen für diesen Organismus feindlichen Stoffen, wie z.B. Chemikalien im Wasser, in der Luft, in den Nahrungsmitteln, pathogene Bakterien, Pilze, Viren usw. einzeln in Kontakt treten.

Sie nehmen dann von jeder Kennung der einzelnen Zellen einen symbolischen Gipsabdruck. Dieser wird im Immungedächtnis abgespeichert. Nach diesem Gipsabdruck werden aktivierte T-Zellen oder schützende Immunglobuline angefertigt, die wie Schlüssel zum Schloß der Feinde passen und über Jahre oder lebenslang immunaktiv bleiben.

Die wichtigen 7 bis 10 Tage

Allerdings gibt es bei der Herstellung der schützenden Immunglobuline für unser Immunsystem nach dem Erstkontakt mit einem Feind oder Erreger ein Problem, das im Krankheitsfall schwerwiegend sein kann: Zur Herstellung der spezifischen Immunglobuline braucht das Immunsystem etwa 7 bis 10 Tage, die unter Umständen über Leben oder Tod des Kindes entscheiden können.

Allgemein gilt

Heutzutage werden bei bakteriellen Infekten oder Infektionen relativ schnell Antibiotika eingesetzt, um dem noch nicht schlagkräftigen Immunsystem des Kindes zu helfen, die bakteriellen Attacken zu überstehen.

Diese Therapien sind manchmal sehr berechtigt, ja lebensrettend. Oft allerdings sind sie vorschnell, ja geradezu überflüssig und verhindern die Ausbildung der körpereigenen Abwehrstoffe.

Denn völlig hilflos ist unser Immunsystem in diesen Tagen, bis die schützenden Immunglobuline angefertigt worden sind, auch nicht. Es setzt neben der Abwehr mit den kleinen und großen Freßzellen zusätzlich eine weitere wichtige Waffe ein: Fieber (siehe Seite 50ff.).

Sehr anschaulich läßt sich dieses Problem am Beispiel wiederkehrender Scharlacherkrankungen illustrieren.

Praxisbeispiel

Die elfjährige Beate ist bereits zum fünften Mal an Scharlach erkrankt. Angefangen hatte es vor drei Monaten, als Beate hohes Fieber bekam und der Kinderarzt Scharlach feststellte. Sie bekam sofort Antibiotika und fiebersenkende Mittel verordnet.

Aus Angst vor Nacherkrankungen: Antibiotikatherapie

Der Erreger des Scharlachs, ein Bakterium aus der Gruppe der betahämolisierenden Streptokokken mit dem Namen Streptococcus pyogenes, geht, wenn er den Hals-/Rachenraum befallen hat, sehr schnell zum Angriff über. Wenn das Kind mit diesem Erregertyp das erste Mal in Kontakt kommt, dauert es die beschriebenen 7 bis 10 Tage, bis das kindliche Immunsystem reagiert hat und gegen diesen speziellen Erreger seine schützenden Immunglobuline bereitstellen kann.

Bis dahin muß das Immunsystem zur Überbrückung seine kleinen und großen Freßzellen einsetzen. Zusätzlich wendet es als stärkste Waffe Fieber an.

Beachten Sie

Es kann sein, daß es dem Kind wegen der hohen Belastungen nicht sehr gut geht, aber das ist von Kind zu Kind sehr verschieden.

Scharlach wird von vielen Ärzten deshalb sehr kritisch betrachtet, weil er unangenehme oder folgenschwere Nacherkrankungen mit sich bringen kann. So können sich die Ausscheidungen und Zerfallsprodukte (Toxine) des Scharlacherregers unter Umständen in der Hirnhaut, in den Gelenken, in den Nieren, im Herzmuskel oder gar in den Herzklappen anlagern.

Da das Immunsystem diese fremden Toxine im Organismus nicht dulden kann und darf, könnte es passieren, daß hier nun die seltenen, aber gefürchteten Scharlachfolgeerkrankungen eintreten können, wie z.B.

Folgeerkrankungen von Scharlach

- Meningoenzephalitis (Hirnhautentzündung),
- Arthritis (Gelenksentzündung),
- Nephritis (Nierenentzündung),
- Endomyokarditis (Herzmuskel- oder Herzinnenhautentzündung).

Um dem vorzubeugen, setzen die meisten Ärzte bei der Diagnose Scharlach sofort ein Antibiotikum ein. So sollen die Erreger schon im Anfangsstadium der Krankheit vernichtet werden.

Antibiotika verzögern die Gesundung des Kindes

Häufig passiert aber nun folgendes: Durch den hilfreichen Antibiotikaeinsatz werden die Erreger schnell vernichtet. Da aber nun der Reiz für das Immunsystem fehlt, gegen die Erreger schützende Immunglobuline aufzubauen, wird dieser Prozeß abgebrochen und der Vorgang wie eine normale Entzündung beendet. Das Kind gesundet – scheinbar! Es geht dann weiter in die Schule oder in den Kindergarten.

Bald danach kann es jedoch passieren, daß das Kind wieder vom gleichen Erreger befallen wird, denn gerade im Kindergarten bzw. in Klassenräumen sind immer Erreger vom gleichen Typ zu finden. Es kann auch sein, daß das Antibiotikum nicht alle Erreger abgetötet hat, die sich nun, da keine Abwehrkräfte vorhanden sind, schnell wieder entwickeln und danach zum erneuten Angriff übergehen.

Beachten Sie

Da das Immunsystem gegen diesen Erregertyp keine schützenden Immunglobuline bereitstellen kann, beginnt die Scharlacherkrankung aufs neue, und es wird wieder mit Antibiotika therapiert.

Genauso verhielt es sich bei Beate. Erst als sie grundlegend nach der Ganzheitstherapie behandelt wurde, war endlich Schluß mit den Rückfällen.

Wichtig

Als oft unbemerkte Nebenwirkung stört oder zerstört das Antibiotikum unsichtbar das mikrobiologische Ökosystem des Kindes, insbesondere im Darm. Häufig entstehen aufgrund dieser unbemerkten Ökostörungen zeitverzögert Folgeerkrankungen (z.B. Infektanfälligkeit, Pilzerkrankungen usw.), die selten mit der vorhergehenden Antibiotikatherapie in Zusammenhang gebracht werden.

Gesunde Darmflora: positives Training für das Immunsystem

Neue Erkenntnisse aus der wissenschaftlichen Forschung zeigen immer deutlicher: Die Schlagkraft des Immunsystems hängt ganz wesentlich auch von der Gesundheit der mikrobiologischen Ökologie des Darms und seiner Bakterien ab.

Solange die Darmflora in ihrer Zusammensetzung, Größenordnung usw. gesund und vital ist, stimulieren diese vielen Bakterien durch ihre Anwesenheit, ihre Ausscheidungen und ihre Zerfallsprodukte im besten Sinn das Immunsystem (siehe Seite 35).

Auch andere Bakterien und Darmkeime, auch die, welche vorübergehend den Darm passieren, dienen dem Immunsystem geradezu als Training. Denn gegen jeden Keim, gegen alle Inhaltsstoffe und chemischen Stoffe in den Nahrungsmitteln, die das Immunsystem noch nicht kennt, fertigt es sofort nach dem Schlüssel-Schloß-Prinzip schützende Immunglobuline an.

Wichtig

Somit kommt gerade dem Darm und den Darmbakterien als Prägungsstelle für schützende Immunglobuline eine ungeheuer wichtige Aufgabe zu!

Gestörte Darmflora: hohe Belastung für das Immunsystem

Sollte jedoch die Mikro-Bio-Ökologie des kindlichen Darms einmal ge- oder zerstört werden, können sich Schadbakterien oder Pilze mit ihren giftigen Ausscheidungsprodukten einnisten. Dann muß das kindliche Immunsystem gegen diese Schadorganismen und deren Zerfallsgifte schon an der Grenze der Darmschleimhaut ein massives Abwehrbollwerk großer und kleiner Freßzellen aufbauen und eine Vielzahl verschiedenster Immunglobuline bereitstellen.

Bleiben diese Ökostörungen und die damit verbundenen Fehlbesiedlungen der kindlichen Darmflora lange Zeit unerkannt, ergeben sich enorme Belastungen für das kindliche Immunsystem. Diese Situation kommt einem Immundauerstreß gleich. Die weiteren Folgen sind Lymph-, Leber- und Nervenbelastung.

Da das Immunsystem in einem solchen Fall mit seiner gesamten Schlagkraft auf die Abwehr der Fremdkeime und Toxine im Darm konzentriert ist, verliert es insbesondere im Hals-, Nasen- und Ohrenbereich und bei Mädchen und Frauen häufig im Blasen- und Genitalbereich an Schlagkraft.

Ist das Immunsystem auf den Darm konzentriert, können sich Fremdkeime in anderen Bereichen des Körpers leichter ausbreiten.

Somit haben fremde Erreger, aber auch körpereigene Bakterien, die normalerweise auf der Schleimhaut sitzen und vom Immunsystem in Schach gehalten werden, die Chance, sich auszubreiten. Die Folge sind schwere Störungen bis hin zu ernsthaften Erkrankungen!

Dies bedeutet für das Kind: Beginn einer neuen Infektanfälligkeit. Meist klagt es über Bauchweh, Unwohlsein, allgemeine Müdigkeit, Abgeschlagenheit, Unkonzentriertheit, oft Appetitlosigkeit. Leider werden die wahren Hintergründe dieser gesundheitlichen Probleme des Kindes häufig nicht deutlich genug wahrgenommen und entsprechend therapiert.

Wichtig

Eine gesunde Mikro-Bio-Ökologie des kindlichen Darms ist eine Garantie für ein schlagkräftiges Immunsystem.

Fieber schützt den kindlichen Organismus

Häufig rufen mich Mütter in Alarmstimmung in der Praxis an: Mein Kind hat (schon wieder) Fieber. Statt über Fieber froh zu sein, das ja den kindlichen Organismus schützt und ihm hilft, mit krankmachenden Bakterien, Viren und auch Pilzen fertigzuwerden, wird Fieber häufig als etwas sehr Schlimmes angesehen, als etwas Bedrohliches, das mit allen Mitteln bekämpft werden muß.

Allgemein gilt

Fieber ist eine normale, wenn nicht sogar die beste Reaktion des Immunsystems und hilft entscheidend mit, eine Infektion zu beseitigen.

Fieber löst im kindlichen Organismus folgende Reaktionen aus:

- Unter Fieber wird der gesamte Organismus besser durchblutet. Somit können die Abwehrzellen wesentlich schneller und besser ihren Einsatzort erreichen. Ebenso werden tote Erreger, totes Zellmaterial, zerstörtes Gewebe usw. schneller abtransportiert.
- Fieber öffnet die Zellzwischenräume, so daß Abwehrzellen schneller und besser durchkommen.
- Fieber aktiviert die Produktion eigener Abwehrkörper, d.h. unter Fieber steigt die Zahl der weißen Blutkörperchen sehr schnell von 5 000 auf 10 000, 20 000 und darüber. Gleichzeitig werden mit Hochdruck die B- und T-Abwehrzellen und damit die schützenden Immunglobuline produziert.

Wichtig

Fieber verändert das »wohlige« Lebensmilieu von Bakterien, Viren, Pilzen. Es läßt diese mikroskopisch kleinen Krankheitserreger »müde« werden. Ihre Aggressivität und ihre Vermehrungsfreudigkeit lassen dadurch merklich nach. Dadurch gewinnt das Immunsystem Zeit für die Produktion seiner T- und B-Abwehrzellen.

Erhöhte Temperatur – Kinder reagieren anders

Bei Kindern ist die Reaktion auf Krankheiten und Vorstufen von Krankheiten wesentlich anders als bei Erwachsenen. Das Immunsystem des Säuglings und Kleinkindes muß sich mit einer Unzahl von verschiedenen Bakterien,

Viren, Nahrungsmittelzusatzstoffen, Chemikalien usw. auseinandersetzen, bis es diese gut kennt und weiß, ob es sie tolerieren oder abwehren soll.

Gerade Säuglinge und Kleinkinder erreichen bei dieser massiven und permanenten Auseinandersetzung ihres Immunsystems mit all den Erregern und Fremdstoffen recht schnell eine wesentlich höhere Temperatur als ältere Kinder oder gar Erwachsene, die diese Reaktion oft überhaupt nicht mehr kennen.

Einfachste Erkältungen, d.h. Auseinandersetzungen mit Viren bei Husten oder Schnupfen, können bei Kleinkindern zu einem Temperaturanstieg auf 39 bis 41 Grad führen, sogar über mehrere Tage. Dies muß nicht unbedingt gleich Anlaß zur Besorgnis sein. Das kindliche Immunsystem kämpft und lernt für sein späteres Leben.

Daneben kann bei Kindern die Temperatur auch infolge heftiger körperlicher Bewegung ansteigen (kinetisches Fieber). Dies ist völlig harmlos.

Beachten Sie

- Nicht jede Erhöhung der Körpertemperatur ist automatisch ein Krankheitsprozeß! Temperaturerhöhungen und Fieber müssen nicht immer sofort bekämpft werden. Das kindliche Immunsystem trainiert dabei für seine spätere Gesundheit.
- Fieber ist unter bestimmten Bedingungen (Infektionen, Entzündungen, bei gewissen Krankheiten, auch Streß usw.) eine ganz normale Reaktion des kindlichen Organismus.

Natürlich kann (ich betone kann!) eine übersteuerte Wärmereaktion oder ein zu empfindliches Nervensystem insbesondere bei Säuglingen und Kleinkindern auch einmal einen Fieberkrampf auslösen, aber ich habe das in meiner langjährigen Praxis bisher nur einmal erlebt. Man sollte bei einem fiebernden Kind nicht gleich in Panik geraten.

Wichtig

Gönnen Sie Ihrem Kind sein Fieber (auch wenn es für alle lästig ist). Kinder brauchen Fieber! Fieber bedeutet Schutz und Begleitung durch die Krankheit. Eine komplett durchgemachte Krankheit schenkt dem Kind jahrelangen Immunschutz gegen diesen Erreger. Oft kann man erleben, daß Kinder geradezu einen Entwicklungs- oder Reifeschub machen, wenn sie eine Krankheit naturgemäß durchleben durften.

Naturheilkundliche Fiebertherapie für Ihr Kind

Naturheilkundliche Fiebertherapie bedeutet nicht, Fieber zu bekämpfen, sondern dem Organismus bei seinem Abwehrkampf zu helfen, d.h. mit dem Fieber zusammenzuarbeiten. Ehe Sie für Ihre Kinder zu chemischen Fiebersenkern greifen, empfehle ich Ihnen einige alte, bewährte **Hausmittel**:

Hausmittel bei Fieber

1. Machen Sie Ihrem Kind bei Fieber sofort mit handwarmem Kamillentee oder lauwarmem Wasser Einläufe zur intensiven Darmreinigung. Unter Fieber gibt es nämlich meist keinen Stuhlgang mehr. Nahrungsabfälle bleiben so im Darm liegen und werden von den Bakterien immer weiter zersetzt. Das bedeutet im Darm Gärung, Blähungen, Bauchschmerzen, Leber- und Immunbelastungen, die den Organismus gerade im Infektfall zusätzlich stark belasten.
   Gleichzeitig bedeutet Darmreinigung Entgiftung. Viele Krankheiten beginnen ursächlich im Darm, und somit wird ein Großteil der Erreger aufgrund der Einläufe auf ganz natürliche Weise ausgeschieden.

Bewährte Hausmittel bei Fieber sind kalte Wadenwickel und Einläufe mit Kamillentee zur Darmreinigung.

2. Machen Sie danach eventuell kalte Wadenwickel.

3. Sorgen Sie dafür, daß Ihr Kind Ruhe bekommt; dies bedeutet nicht unbedingt Bettruhe.

4. Das Kind hat unter Fieber keinen Appetit; drängen Sie ihm also kein Essen auf! Fieber schaltet das Hungerzentrum ab. Ernährung ist während des Fiebers auch weniger wichtig.

5. Aber: Bieten Sie Ihrem Kind viel zu trinken an! Denken Sie dabei auch an Mineralstoff- und Vitamintabletten, eventuell etwas Honig. Denn das Kind schwitzt, auch wenn Sie es nicht sehen.

Beachten Sie

Säuglinge muß man zum Trinken nötigen. Sie trocknen sonst geradezu aus. Hier ist größte Vorsicht geboten! Es besteht Lebensgefahr!

6. Ziehen Sie dem Kind oder Baby leichte Kleidung an, sonst kann ein Wärmestau entstehen!

7. Geben Sie unter Umständen begleitende Homöopathika:
   Aconitum event. **Pyrogenium:** Mittel der ersten Wahl bei hohem Fieber; D6 bis D12.
   Belladonna: Mittel der zweiten Wahl bei mäßigem Fieber oder fallendem Fieber; D6 bis D12. Bitte geben Sie Aconitum und Belladonna nie zusammen, sondern immer nacheinander.
   Ferrum phosphoricum: Schüsslermittel, hervorragendes Begleitmittel; können Sie bei kindlichen Infekten immer mitgeben.
   Chamomilla: Kindermittel; beruhigt das kindliche Nervensystem.

Tip

Geben Sie Ihrem Kind unbedingt zweimal täglich einen halben Teelöffel **Lactobact-Pulver** und 1 bis 2 Kapseln **Mutaflor** 4 bzw. 20 mg. Das sind lebende Bakterien für die Stabilisierung des Immunsystems über die Darmflora.

Danach erst geben Sie Mittel für die Krankheit selbst – wenn das überhaupt noch notwendig sein sollte.

In der Regel kommt man mit diesen einfachen Mitteln bei normalen, bakteriellen, auch viralen Infekten der Kinder wunderbar aus. Bei schweren Erkrankungen sind allerdings weitere Maßnahmen erforderlich (siehe dazu Kapitel 8, Seite 106 ff.).

Beachten Sie

Wenn das Kind krank ist, braucht es besonders viel Nähe und Wärme.

Man sollte kranken Kindern ihren Willen lassen. Sehr häufig sind fiebernde Kinder zwar müde und etwas schlapp, wollen aber trotzdem nicht ins Bett, sondern spielen. Lassen Sie Ihr Kind spielen. Es weiß oft viel besser, was ihm gut tut, als so manche gutmeinende Mutter oder manch, überbehütender Vater. Wenn ihm danach ist, wird es die Ruhe schon suchen – oder auf Ihren Arm wollen.

Es gibt auch Kinder, die unter Fieber quengeln und die ständige Nähe und den Kontakt der Eltern suchen. Gönnen Sie sich und Ihrem Kind die Zeit seiner Krankheit – auch wenn Sie besorgt sind. Krankheit bedeutet für das kindliche Immunsystem lernen und für den kindlichen Organismus Entwicklung.

Wichtig

Schenken Sie Ihrem Kind Nähe und Wärme. Es braucht jetzt seine Eltern. Krankheitsphasen schaffen zwischen Eltern und Kind einen besonders engen Kontakt – und Vertrauen.

5. KAPITEL Infektanfällig für Viren

Viren verursachen die meisten Infekte bei Kindern. Sie können einen harmlosen Schnupfen auslösen, aber auch schlimme Krankheiten. Da Viren völlig andere Erreger darstellen als Bakterien oder Pilze und einen anderen krankmachenden Mechanismus aufweisen, soll ihre Wirkungsweise kurz erläutert werden.

Krank durch Viren – wie funktioniert das?

Viren sind winzige Partikel von 1 bis 150 Nanometer Durchmesser. Sie unterscheiden sich von allen anderen Lebewesen grundlegend dadurch, daß sie als genetisches Material nur DNA oder nur RNA besitzen und keinen eigenen Stoffwechsel haben, d.h. sie nehmen keine Nahrung auf und wandeln sie auch nicht in Bau- und Energiestoffe um; sie haben also keine Ausscheidungen. Viren gelten als Zwischenglied zwischen Lebewesen und toter Materie.

Allgemein gilt

Viren sind Parasiten, die für ihre Vermehrung eine menschliche, tierische oder pflanzliche Wirtszelle benötigen.

Dabei werden sie zunächst durch die Luft als Tröpfcheninfektionen oder über den Speichel (Schmusen, auch Ge-

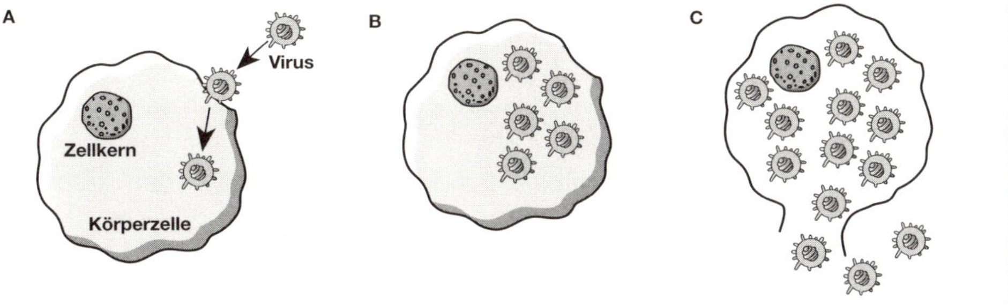

Ein Virus setzt sich an einer Körperzelle fest und dringt ins Zellinnere.

Die infizierte Zelle produziert wehrlos neue Virusnachkommen.

Geht die Zelle zugrunde, werden die Viren frei und können neue Zellen befallen.

Beispiel einer Virusinfektion

schlechtsverkehr) als Schmierinfektionen auf den »Wirt« übertragen. Interessant dabei ist die Beobachtung, daß bestimmte Viren zu ihrer Vermehrung ganz bestimmte Orte bzw. Organe des menschlichen, tierischen oder pflanzlichen Organismus bevorzugen.

Die Viren schalten dann den Regulationsmechanismus der befallenen Wirtszellen aus und zwingen deren gesamte Arbeitsweise in den Dienst der eigenen Vermehrung.

Sind die Zellen in ihrem Innenraum mit den produzierten Viren bis obenhin voll (Viren sind wesentlich kleiner als menschliche Zellen), platzen sie auf und setzen Milliarden von Viren gleichzeitig frei. Die neuen Viren schwimmen danach mit dem Blut und der Lymphflüssigkeit im Organismus und suchen sich neue Zellen, in die sie eindringen, um sich erneut zu vermehren.

Werden die Viren freigesetzt, kann das Immunsystem sie als feindlich erkennen und geht heftig zum Kampf über; dies äußerst sich meist in einer starken Fieberreaktion.

Beachten Sie

Wir kennen heute über 400 verschiedene Virenarten, die die menschlichen Zellen zum Zweck ihrer eigenen »Arterhaltung« benützen und unterschiedlichste (oft schlimme) Krankheiten auslösen können.

Der Virenbefall kann den Zusammenbruch eines ganzen Organs verursachen.

Da Viren plötzlich in sehr großen Zahlen auftreten und immer wieder menschliche Zellen durch Zwangsarbeit zu einem völlig veränderten Lebens- und Arbeitsverhalten zwingen, fallen diese Zellen für den menschlichen Organismus komplett aus; dies kann Störung oder auch massive Krankheit bzw. den Zusammenbruch eines Organs bedeuten (wie z.B. bei Hepatitis B). Gleichzeitig brauchen die befallenen Zellen zum Herstellen neuer Viren immer wieder die Baustoffe und Betriebsstoffe von ihrem Wirt.

Zusätzlich scheiden die befallenen Zellen ihre veränderten Stoffwechsel-Abfallprodukte der Virenproduktion aus, die für den Organismus meist echte Toxine darstellen und sehr schädlich sind.

Die Folgen können mehr als dramatisch sein: Die Pflanzen, die Tiere und auch die Menschen erkranken oft schwer, manchmal auch tödlich an diesen zerstörerischen Parasiten.

Viruserkrankungen

Die Viren befallen (wie Bakterien und Pilze) zu ihrer Vermehrung unterschiedliche Orte und zeigen dabei eine unterschiedliche Aggressivität; dementsprechend erzeugen verschiedene Virenarten als Immunantwort darauf auch unterschiedliche Krankheiten, die oft alles andere als harmlos sind:

Viren können ganz unterschiedliche Krankheiten auslösen.

Virusbefall im Hals- und Rachenraum führt bei Kindern oft zu Fließschnupfen und Augenwässern. Wenn die Viren absteigen, erzeugen sie oft Husten oder heftige Bronchitis. Auch das schmerzhafte Anschwellen der Lippen als Herpes wird von Viren verursacht. Grippeviren können sogar weltweite Epidemien auslösen, oft mit Tausenden von Toten.

Virale Kinderkrankheiten

Auch Krankheiten wie Windpocken, Mumps, Röteln, Masern werden von Viren ausgelöst. Sie befallen insbesondere das Kind, weil es gegen diese Viren noch keinen eigenen Immunschutz besitzt. Da die Auseinandersetzung mit diesen speziellen Viren in den Lebensanfang fällt, werden diese Krankheiten Kinderkrankheiten genannt. Sie stellen eine relativ hohe Belastung für den kindlichen Organismus dar; da aber das kindliche Immunsystem im Gegensatz zu vielen Erwachsenen auf sehr hohem Niveau kämpfen kann, wird es normalerweise gut damit fertig.

Der Lohn dafür ist ein meist lebenslanger Immunschutz gegen diese viralen Erreger. Ein Erwachsener ohne Immunschutz kann an diesen Kinderkrankheiten sehr schwer erkranken – und gegen Viruserkrankungen gibt es keine Arzneimittel.

Wichtig

Das einzige, was Kindern gegen Viren helfen und sie am Leben erhalten kann, ist die Wirksamkeit ihres eigenen Immunsystems, dem wir zutrauen dürfen, daß es diesen Kampf in der Regel gewinnt.

Viruserkrankungen können heimtückisch sein

Denken Sie beispielsweise an die Tollwut. Von Tollwut befallene Tiere ohne vorhergehende Impfung sterben fast immer; dies gilt auch für einen vom Tollwutvirus befallenen Menschen.

Allgemein gilt

Noch um die Jahrhundertwende erkrankten viele Kinder an Poliomyelitis (Kinderlähmung), die durch das Polio-Virus ausgelöst wird und schwerwiegende Nerven- und Muskellähmungen zur Folge hat.

Vom 16. bis in unser Jahrhundert gab es eine hochansteckende Virusinfektionskrankheit, die in regelmäßigen Abständen auftrat und viele Tote forderte: die Pocken!

Wieder waren ihre Opfer insbesondere Kinder, Kranke und Greise. Man schätzt, daß allein im 18. Jahrhundert ca. 60 Millionen Menschen in Europa an Pocken starben; über ein Fünftel davon waren Kinder.

Der Krankheitserreger der Pocken ist ein äußerst widerstandsfähiges Virus, das in Tröpfcheninfektionen von Mensch zu Mensch übertragen wird. Gegen die Pocken gibt es wie bei allen Viruserkrankungen kein wirksames Mittel, außer der Impfung.

Informieren Sie sich beim Kinderarzt, welche Impfungen für Ihr Kind notwendig sind.

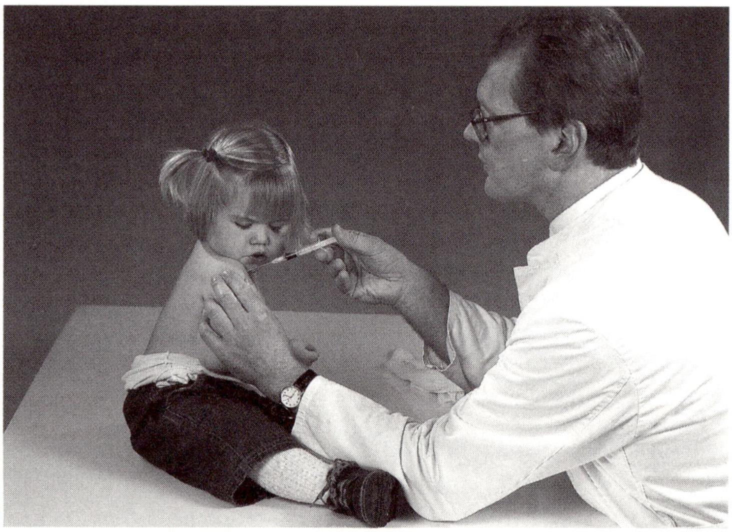

Impfen – ja oder nein?

Im Jahr 1790 beobachtete der englische Arzt Edward Jenner, daß Menschen, die sich bei den wesentlich leichter verlaufenden »Kuhpocken« angesteckt hatten, niemals die tödlichen Pocken bekamen. Jenner entwickelte aus der Lymphflüssigkeit von Kälbern, die vorher an Kuhpocken erkrankt waren, den ersten Impfstoff (damals Vakzine genannt, von lat. vacca = die Kuh).

Aber gerade heute wird oft sichtbar, daß Impfen nicht unbedingt einen lebenslangen Immunschutz garantiert.

Obwohl Impfen zu einem sehr fraglichen Thema geworden ist, kann der Logik, daß wir den großen viralen Infektionskrankheiten kein Medikament entgegenzusetzen haben, nicht widersprochen werden.

Beachten Sie

Es ist grundsätzlich empfehlenswert, Ihr Kind gegen Poliomyelitis (Kinderlähmung), Tetanus (Wundstarrkrampf) und Diphtherie impfen zu lassen.

Ob allerdings alle Kinderkrankheiten unbedingt durch Impfung ausgeschaltet werden müssen, ist Ihre persönliche Entscheidung. Mit naturheilkundlicher Begleitung durchleben die Kinder in der Regel die Kinderkrankheiten relativ problemlos und machen dabei häufig auch einen seelisch-geistigen Reifungsprozeß durch.

6 KAPITEL Pilze: Krankmacher oder nur lästige Begleiter?

Seit einigen Jahrzehnten weisen Mikrobiologen darauf hin, daß wir Menschen oft hochgradig von Mikroorganismen besiedelt sind, die von der allgemeinen Medizin bisher als relativ harmlos angesehen wurden oder gar nicht in ihrem Blickfeld standen, weil sie sich als Krankheitserreger bisher kaum gezeigt haben: Pilze!

Pilze zersetzen biologisches Material und führen dem Kreislauf der Natur wieder Rohstoffe zu.

Natürlich kennt man sie, denn sie sind selbstverständliche Bewohner unserer Umwelt. Man weiß: Alles, was krank ist, wird relativ rasch von mikroskopisch kleinen Pilzen besiedelt, die ihrem biologischen Auftrag entsprechend ähnlich den Bakterien die letzte Arbeit im Naturkreislauf verrichten: Sie zersetzen krankes oder totes biologisches Material, wobei biologische Rohstoffe zurückgewonnen werden (siehe Seite 17f.).

Pilze haben schon immer Menschen besiedelt

Pilze besiedeln die gesamte Natur und haben auch vor uns Menschen nie halt gemacht. Für sie sind auch wir »nur« biologisches Material.

So finden viele Menschen Pilze als lästige Ärgernisse zwischen ihren Zehen, zeitweise auch am Körper, Frauen häufig in der Scheide und Männer oft (unsichtbar) am Glied oder in der Prostata.

Doch seit ein paar Jahren werden Pilze plötzlich zum neuen Zankapfel und Ideologienstreit so mancher Schulmediziner.

Ein neuer Glaubenskrieg der Schulmedizin?

Mikrobiologen, die seit Jahren eine immer stärkere Zunahme von Pilzbesiedlungen insbesondere im menschlichen Darm feststellen, schlagen Alarm. Pilze, vor allem vom Typ Candida albicans und verschiedene Schimmelpilze, seien zu Krankmachern geworden. Sie gehörten weder in den menschlichen Darm noch in den Hals-Rachen-Raum, natürlich nicht in die Lunge und schon gar nicht in das Innere des Körpers.

Aber gerade hier findet man sie häufig sogar in größten Mengen, insbesondere bei Aids und Krebspatienten im Endstadium, nachdem die Chemotherapie neben den Krebszellen auch die Immunzellen schwer geschädigt hat. Bei ihnen liegt häufig eine generalisierte Pilzinfektion vor, die dann den Patienten, weil quasi keine Abwehr mehr da ist, mit ihren zersetzenden Enzymen und Pilzgiften endgültig ins Grab bringt.

Je schwächer die Immunabwehr ist, desto leichteres Spiel haben die Pilze.

Doch wo kommen diese Pilze plötzlich her? Waren sie schon immer da und werden jetzt durch die verfeinerte, auch mikrobiologisch-diagnostische Verfahrensweise erst entdeckt? Oder ist die Pilzbesiedlung des Menschen tatsächlich ein ganz neues Phänomen?

Und genau an diesem Streitpunkt scheiden sich die Geister. Im Gegensatz zu den Mikrobiologen halten Professoren anderer Fachrichtungen dieses »ganze Geschrei« um krankmachende Pilze für einen haarsträubenden Blödsinn. Denn sie sagen, Pilze gäbe es schon immer auf der Welt. Auch habe jeder Mensch seit Beginn der Evolution

Pilze im Darm, sie gehörten einfach mit dazu. Sie meinen, da werde wieder eine Art neue Seuche hochgepuscht, an der viele verdienen können, ein Geschäft mit der Angst.

Wer hat recht?

Tatsache ist jedoch, daß viele mikrobiologische Untersuchungen einen hohen Pilzbefall im menschlichen Körper feststellen, der eindeutig über das normale Maß hinausgeht und der krankmachende Wirkung haben kann.

Die Frage ist nur: Wo kommen die Pilze eigentlich her?

Viele ärztliche Therapien provozieren Pilzbefall

Antibiotika machten ab der Mitte dieses Jahrhunderts Menschen bei bakteriellen Infekten immer wieder gesund, oder besser bakterienfrei (Nutzbakterien und Schadbakterien)! Daß aber gerade dieses Wundermittel im Lauf der Zeit immer mehr zum mikrobiologischen Ökostörer Nummer 1 und damit Pilzbefall geradezu provoziert wurde, geht in dieser Diskussion einfach unter.

Auch die viel zu häufige Therapie mit Kortikosteroiden (**Kortison**) spielt bei der Entstehung von Pilzbefall (Mykosen) eine sehr große Rolle, denn als immununterdrückendes Mittel schwächt es das einzige, was uns gegen Pilzbefall immer geholfen hat: unser Immunsystem.

Beachten Sie

Kortikosteroide wirken ähnlich wie Amalgam auf die Schlagkraft der T-Lymphozyten und unterdrücken den Zellwachstumsfaktor.

Und so stellt sich die Frage, ob die Verharmlosung der Gefahren durch Pilzinfektionen nicht ein Versuch ist, die üblichen schulmedizinischen Symptomtherapien zu schützen. Denn es sind eben nicht nur Umweltbedingungen oder falsche Ernährung, sondern auch insbesondere ärztliche Therapien mit ihren massiven ökozerstörenden Medikamenten wie Antibiotika, Kortison, Schmerzmitteln, Rheumamitteln, Pille u.a.m., die durch ihre Wirkungen bzw. Nebenwirkungen Pilzbefall immer wieder provozieren. Darüber wird offiziell viel zu wenig geredet.

Welche Rolle spielt die Ernährung?

Fördert Frischkornernährung Pilzbefall?

Es gibt noch weitere mögliche Ursachen für die zunehmende Pilzbesiedlung des Menschen. Auch Frischkost, Rohkost usw. können, wenn sie unsachgemäß gelagert und aufbereitet werden, ein gewisses Reservoir für schädliche Mikroorganismen darstellen. Aber eine grundsätzliche Verdammung dieser naturgemäßen Ernährungsform, wie von den Gegnern der Vollwerternährung angesichts dieser mikrobiologischen Befunde erfolgt, ist keineswegs gerechtfertigt, wohl aber eine achtsame Vorratshaltung und Zubereitung.

Ernähren Sie sich ausgewogen und vollwertig.

Zucker und Weißmehl – Lieblingsspeisen der Pilze

Doch die Vorbehalte gegen Vollwertkost sind keineswegs ein Freibrief für die ungesunde Normalkost. Gerade der viel zu hohe Weißmehl- und Zuckerkonsum bietet ideale Lebensbedingungen für Pilze. Und wie viele Kinder ernähren sich hauptsächlich von Süßigkeiten!

Empfehlenswert ist eine ausgewogene Vollwerternährung, die frische Produkte verwendet und sorgsam zubereitet wird.

Auf industrielle Fertigprodukte und Fast food sollte weitgehend verzichtet werden, aber insbesondere auf zuckerhaltige Getränke und Süßigkeiten.

Verzichten Sie weitgehend auf Fertigprodukte, Fast food und zuckerhaltige Getränke.

Zuviel Süßigkeiten schaffen ideale Lebensbedingungen für Pilze.

Beachten Sie

Starker Pilzbefall kann den Menschen unter Umständen schwer krank machen. Die Ursachen für den Pilzbefall können unterschiedlicher Natur sein.
Förderlich sind:
- eine falsche – zuckerreiche – Weißmehlernährung,
- krankmachende Umweltbedingungen (z.B. Schimmelpilzbefall der Wohnung, siehe Seite 72),
- bestimmte Medikamente.

Husten, Bronchitis und Asthma – ausgelöst durch Schimmelpilzgifte

Schimmel ist die Allgemeinbezeichnung für den weißen, grünen oder schwarzen, watteartigen Flaum, durch den sich der Pilz zeigt. Schimmelpilze können oft sehr schnell ganze Flächen überwuchern, wenn die Lebensbedingungen für sie günstig sind. Zur Schimmelpilzgattung Aspergillus zählen viele Arten, die auf der einen Seite unter bestimmten Bedingungen die Erreger schwerwiegender

Krankheiten sein können, auf der anderen Seite in der Biotechnologie zum Herstellen von Enzymen und Antibiotika verwendet werden.

Allgemein gilt

Schimmelpilze können auch uns Menschen besiedeln, bevorzugt Immunschwache, kranke Menschen und Kinder, insbesondere kleine Kinder mit noch wenig Abwehrkraft.

Da ihre Sporen oft in der Luft sind, besiedeln sie häufig – meist unerkannt! – die Lungen. Sie provozieren das Symptombild der chronischen Bronchitis oder des chronischen Asthma, das dann meist mit Antibiotika, Kortison usw. behandelt wird.

Einige meiner kleinen und großen Patienten wurden, bevor sie zu mir kamen, über Jahre auf chronisches Asthma bronchiale behandelt. Sie benutzten jahrelang Kortisonspray, Herzstützen, inhalierten, gingen zur Kur und standen unter dem oft schlimmen psychischen Druck, anfallsweise keine Luft zu bekommen, mit der Aussicht nie mehr gesund zu werden.

Die mikrobiologischen Untersuchungen jedoch zeigten häufig als Ursache der sogenannten Bronchitis oder des Asthmas einen Befall mit **Candida** oder Schimmelpilzen, in erster Linie **Aspergillus**, in der Lunge und fast immer auch im Darm.

Vorsicht

Der besonders gefährliche Schimmelpilz Aspergillus befällt bevorzugt Nüsse, Mandeln, geräucherten Schinken, ebenso Brot, offene Konserven, Ketchupflaschen usw. Aspergillus kann auch in Milch und Milchprodukte gelangen, wo er kaum feststellbar ist.

Bis heute sind über 100 Mykotoxine (Pilzgifte) bekannt, die meist über die Ernährung in den Körper gelangen, oft auch über die Lunge (Haus-, Milchschimmel usw.).

Schimmelpilzsporen breiten sich unsichtbar aus. Vernichten Sie deshalb angeschimmelte Lebensmittel immer vollständig.

Schimmelpilzgifte belasten die Leber

Wenn sich Schimmelpilze im Darm ansiedeln können (auch in der Lunge), bilden sie ein Wurzelgeflecht (Myzel), mit dem sie die Schleimhaut überwuchern. Mit ihren hochaggressiven Enzymen am Ende der Wurzeln können sie das Gewebe des Darms durchbrechen und in andere Organe oder in die Blut- oder Lymphbahnen einbrechen.

Vorsicht

Schimmelpilzgifte belasten – oft lange Zeit unbemerkt – die Leber. Als Schutzmaßnahme scheint die Leber nämlich den Fett- bzw. Cholesterinspiegel zu erhöhen, um damit die Gifte zu binden. Die Cholesterinwerte gehen dann trotz bester Therapie nicht mehr auf Normalwerte zurück.

Praxisbeispiel

Mathias (15 Jahre) wurde eines Tages von seiner Mutter in die Praxis gebracht. Mathias war schlank, eher dünn und hatte in der Schule große Konzentrationsschwierigkeiten. Die Laboruntersuchungen des Arztes stellten bei Mathias sehr hohe Cholesterinwerte fest, so daß der Arzt ihn ins Gebet nahm, ob er nicht heimlich Alkohol trinke. Doch dies war keineswegs der Fall. Mikrobiologische Untersuchungen des Stuhls zeigten nicht nur eine gestörte Darmflora, sondern auch starken Schimmelpilzbefall. Dies ist natürlich extrem belastend für die Leber und löst den vorher beschriebenen Schutzmechanismus aus – die Blutfettwerte steigen.

In jedem Fall konnte der Cholesterinspiegel nach intensiver, antimykotischer Therapie, gleichzeitiger Darmsymbioselenkung und entgiftender Therapie wieder auf Normalwerte gebracht werden. Auch war Mathias nicht mehr schlapp und unkonzentriert. Sein Gesamtzustand hatte sich wesentlich verbessert.

Diese gute Erfahrung nach mikrobiologischer Regenerationstherapie habe ich schon des öfteren bei kleinen und großen Patienten machen dürfen.

Schimmelpilze belasten das kindliche Nervensystem

Wer denkt schon daran, daß Schimmelpilze und ihre Gifte auch das Herz belasten, schädigen oder gar krankmachen können?

Schimmelpilze können auch das Herz belasten und schwer schädigen.

Ebenso häufig wird die Gefahr für das Nervensystem unterschätzt. Schimmelpilzgifte können das Nervensystem schwer belasten und zu Müdigkeit, Abgeschlagenheit, mangelndem Leistungsvermögen, oft rasenden Kopfschmerzen, Appetitlosigkeit, Schlafstörungen oder völliger Überreizung führen.

Praxisbeispiel

Olaf war in der Schule und daheim ständig müde und matt, erbrachte keinerlei Leistung, war oft überreizt und zu nichts zu motivieren. Deshalb wurde er von seinen Klassenkameraden für blöd und von seinen Eltern für faul gehalten. Er machte unlustig seine Hausaufgaben und war sehr infektanfällig. Mehrfache Untersuchungen durch Fachärzte ergaben keinen auffälligen Befund. Dann versuchte es die Mutter bei verschiedenen Naturheilkundlern mit Homöopathie, Akupunktur und Bachblütentherapie, schließlich noch mit elektrischen Schwingungen und Nosodentherapie. Nie stellte sich ein bleibender Erfolg ein.

Das Urteil einer Psychologin: Olaf ist psychisch gestört – die Mutter ist schuld.

Schließlich wurde die Diagnose auf eine psychische Erkrankung gestellt. Doch auch eine Spiel-, Mal- und Gesprächstherapie änderte an seinem Zustand nichts. Der Mutter allerdings wurde von der Psychologin bescheinigt, daß sie an Olafs Problemen schuld sei, weil sie nach der Geburt viel zu früh arbeiten gegangen sei und Olaf damit zu wenig Liebe bekommen habe. Deshalb sei Olaf nun ein seelisch gestörtes, introvertiertes Kind mit Anlagen zu depressiven Schüben. Die Mutter nahm sich diese »Diagnose« sehr zu Herzen.

Der Neurologe verordnet stimmungsaufhellende Mittel.

Als sich Olafs Zustand nicht besserte, wurde er zum Neurologen überwiesen. Dieser verordnete nach Abklären von Gehirnströmen und Doppleruntersuchung, die unauffällig waren, leichte stimmungsaufhellende, psychische Mittel. Als aber Olaf nach einiger Zeit von dieser Therapie noch müder und schlapper wurde, geriet die Mutter wieder in helle Verzweiflung. Außerdem hatte er aufs neue ständig Infekte.

Hoher Schimmelpilzbefall im Darm!

Nun standen beide bei mir in der Praxis. Die Mutter war am Ende ihrer Kraft. Olaf klagte über massives Bauchweh, Stuhlverstopfung und schlimme Blähungen.

Die mikrobiologische Untersuchung zeigte: Olaf hatte ein schwer gestörtes mikrobiologisches Ökosystem (Schadflora) und einen hohen Schimmelpilzbefall im Darm; durch die Schimmelpilzgifte wurden Leber und Nervensystem extrem in Mitleidenschaft gezogen, massive Ökostörungen – eine richtige Kettenreaktion – durch alle Systeme waren die Folge.

Sechs Monate strikte antimykotische Therapie, Symbioselenkung, Entgiftung über Niere, Lymphsystem, Leber, Konstitutionstherapie, Auffüllen der Minerale, Spurenelemente und Vitamine sowie strengste Ernährungsumstellung brachten einen durchschlagenden Erfolg. Olaf wurde aktiv, lebendig, schläft und ißt gut, und auch die Lehrer in der Schule loben ihn.

Olaf war vor seiner Krankheit gierig nach Süßigkeiten (die ja die Lieblingsspeise der Pilze sind), die ihn jetzt nach der antimykotischen Therapie nicht mehr interessieren. Und noch dazu: Olafs Eltern haben eine Landwirtschaft! Sein Lieblingsplatz zum Spielen war die Scheune, d.h. Gras, Heu, Tiere. Damit badete er täglich geradezu in Schimmelpilzsporen.

Hohe Immunbelastung durch Schimmelpilze

Pilze, auch Schimmelpilze, haben wie die Bakterien folgende krankmachende Mechanismen:

- Sie zersetzen Körpergewebe.
- Sie scheiden Gifte aus.
- Bei ihrem Zerfall werden Gifte frei.

Besonders gefährlich für den kindlichen Organismus sind manche Ausscheidungsgifte, die sogenannten **Aflatoxine**. Sie provozieren beim kindlichen Immunsystem massive Abwehrreaktionen. Oft wird dieser Giftreiz zum Überreiz, und das Immunsystem beginnt heftig um sich zu schlagen.

Wichtig

Durch die hohe Immunbelastung im Darm entstehen an anderer Stelle des Organismus Immundefizite, z.B. im Hals-/Rachenraum oder in der Lunge, und das Kind wird (immer wieder) infektanfällig.

Schimmelpilzsporen werden beim Einatmen aufgenommen und können sich im gesamten Hals-/Rachenraum ansiedeln. Dies kann als Symptom das Vollbild der chronischen Nasennebenhöhlen- oder Stirnhöhlenentzündung ergeben (chronische Sinusitis), die in der Regel erst einmal mit Antibiotika therapiert wird, weil hier fast immer Bakterien als Erreger vermutet werden.

Besonders wachsam sollten Sie sein, wenn eine solche Stirnhöhlenentzündung insbesondere nach Kortison- und Antibiotikatherapien immer wiederkommt (siehe auch folgendes Beispiel).

Praxisbeispiel

Martina litt schon seit zwei Jahren an chronischer Stirnhöhlenentzündung und bekam immer wieder Antibiotika verordnet, die auch kurzfristig halfen. Gleichzeitig klagte sie über Verdauungsprobleme, Blähungen, Unverträglichkeit von Speisen und hatte einen Dauerschnupfen.

Auch die Ohren waren oft wie zu und zeitweise hatte sie Entzündungen in der Bindehaut der Augen. Außerdem litt sie an Hautproblemen, die auf keine Therapie richtig ansprachen.

Da Martina sehr ehrgeizig in der Schule war, vermutete ich zunächst eine typische Streß-Infekt-Kette, bis ich die Abstriche bzw. Laborergebnisse von Stuhl, Hals- und Rachenraum, Nasensekret und Scheide in der Hand hatte. Diese zeigten: Die Darmflora war massiv gestört bei gleichzeitig hohem Candidabefall, ebenso die Scheidenflora (aber hier war Martina völlig symptomlos!). Auch der Rachenabstrich zeigte mäßigen Candidabefall, aber im Nasensekret lag ein hoher Befall mit dem Schimmelpilz Aspergillus niger vor.

Auf Nachfrage erzählte mir Martina, daß sie eine leidenschaftliche Reiterin ist. Sie verbringt ihre ganze Freizeit im Pferdestall, hat dort viel Kontakt mit Heu, mit Futter, mit den Pferden (also wieder mit Schimmelpilzen). Die Frage steht nun im Raum: Wie sind hier die Zusammenhänge, daß Martina immer wieder krank wurde?

Antibiotika fördern im kindlichen Organismus Pilzbefall

Das Antibiotikum hat nicht nur immer wieder die wichtige kindliche Bakterienflora des Darms ge- oder zerstört, sondern auch die Nutz- und Schutzflora in der Lunge, im Hals- und Rachenraum und auch in der Scheide.

Antibiotika zerstören auch die nützliche Bakterienflora, so daß sich Pilze leichter ansiedeln können.

Wird nun diese Nutz- bzw. Schutzflora durch Antibiotika gestört, so können Schimmelpilze (auch Candidapilze) schnell die freigewordenen Schleimhäute befallen, die vorher von Bakterien besiedelt waren. Sie können sich dort vermehren und wuchern, denn ihre Konkurrenzflora, die sie bisher in Schach gehalten hat, fehlt. Anschließend beginnen die Pilze mit ihrer Zersetzungsarbeit und dem Ausstreuen ihrer Stoffwechselgifte.

Das Immunsystem reagiert darauf mit einem heftigen Zurückschlagen der Immunzellen; dies gleicht äußerlich dem Entzündungsmechanismus einer bakteriellen Infektion. Häufig entstehen auch unsichtbare Allergien an der Barriere der Schleimhaut. Der Arzt gibt nun, wenn der Patient z.B. mit Stirnhöhlenkopfschmerz in die Praxis kommt und man gleichzeitig auf dem Ultraschall Schatten erkennt, wieder ein Antibiotikum. Schließlich vermutet er bakterielle Infektionen. Aber das Antibiotikum ist in diesem Fall völlig wirkungslos.

Wichtig

Durch die erneute Gabe eines Antibiotikums wird die sich gerade wieder aufbauende Nutzflora im Darm noch weiter gestört. Sie mutiert zu einer Schadflora, die weiteren Pilzbefall geradezu begünstigt.

Der Patient allerdings bekommt nun die Diagnose: chronische Stirnhöhlenentzündung, chronische Sinusitis!

Da sich die Pilze im Stirnhöhlenbereich vermehren, Sporen streuen und sich ausbreiten, können sie natürlich auch auf die Augen übergreifen. Dies kann Rötungen und Entzündungen der Bindehaut mit sich bringen und schlimme Schmerzen auslösen. Zeitweise wird auch ein Gehörgang befallen; dies kann unter Umständen gleichzeitig mit einem bakteriellen Befall einhergehen.

Pilze können von der Stirnhöhle auf die Augen übergreifen und Entzündungen der Bindehaut auslösen.

Genau dieser komplexe Prozeß hatte sich bei Martina vollzogen. Immer wieder wurde fälschlicherweise eine Entzündung diagnostiziert und man verordnete Antibiotika, die das Krankheitsgeschehen in dieser Massivität erst auslösten. Eine umfassende Ganzheitstherapie setzte den ständigen Problemen schließlich ein Ende.

Antibiotika provozieren hartnäckigen Scheidenpilzbefall

Frauen und junge Mädchen kennen noch eine weitere böse Falle. Nach Antibiotikatherapien kommt es in der Scheide häufig zu Candidapilzbefall, der zu einem hartnäckigen Begleiter werden kann. Typische Symptome sind Rötung, Schwellung, Juckreiz, Schmerzen und Ausfluß. Bei der dann folgenden Antipilztherapie wird meist übersehen, daß in der Scheide wieder eine gesunde Schutzflora aufgebaut werden muß, weil sonst die Pilze immer wieder kommen.

Bei der Bekämpfung von Scheidenpilzen ist es wichtig, wieder eine gesunde Bakterienflora aufzubauen.

Neurodermitis: Oft sind Pilze unsichtbare Allergieauslöser

Der Kontakt mit Schimmel-, Candida- und anderen Pilzarten, mit deren Giften und Sporen birgt noch eine Gefahr: Sie lösen bei vielen Kindern **allergische Reaktionen** aus.

Das kindliche Immunsystem wehrt sich gegen die zersetzenden Pilze und ihre giftigen Ausscheidungen, indem es immer mehr schützende Immunglobuline entwickelt. Irgendwann einmal ist das Immunsystem aber überfordert, so daß es Freund und Feind nicht mehr unterscheiden kann und nur noch wild um sich schlägt.

Da viele Stoffe ähnliche Kennungen ihrer Zellmembranen zeigen wie Pilze und ihre Gifte, reagiert das Immunsystem mit der Zeit auf alle diese Substanzen mit überschießenden Immunreaktionen, z.B. auf Hausstaubmilben, Katzenhaare, Weizen, Milch, Eier.

Beachten Sie

Diese Reaktionen greifen den eigenen Körper an und äußern sich als unterschiedliche allergische Erkrankungen, wie beispielsweise allergische Ekzeme, Neurodermitis, Heuschnupfen oder Lebensmittelunverträglichkeit.

Maskierte Allergien

Viel schlimmer sind Reaktionen, die von den Behandelnden gar nicht als echte Allergien erkannt werden, sogenannte maskierte (versteckte) Allergien. Dabei handelt es sich oft um heftige allergische Reaktionen, die unsichtbar bleiben, wie z.B. das schmerzhafte, entzündliche Anschwellen der Darm- oder Lungenschleimhaut.

Nach außen zeigt sich dabei ein anderes Symptombild, z.B. chronische Bronchitis oder Asthma bronchiale oder typische Verdauungsstörungen, die oft nicht ernst genommen werden, mit Unwohlsein, Unverträglichkeit von Speisen, Durchfällen usw. sowie die typischen Bauchwehsituationen bei Kindern, aber auch Kopfschmerz, Migräneanfälle und – selbst das schon bei Kindern – Rheuma.

Beachten Sie

Maskierte Allergien werden von den Behandelnden oft überhaupt nicht als allergische Reaktionen erkannt. Vielmehr wird das Symptom (häufig über Jahre absolut erfolglos) therapiert – mit einem oft schlimmen gesundheitlichen Auf und Ab für das Kind.

Selbst hyperaktives Verhalten kann manchmal Folge allergischer Reaktionen und eines gestörten Ökosystems sein, wie das Beispiel von Johannes zeigt:

Praxisbeispiel

Johannes (8) kommt mit seiner Mutter in die Praxis. Zwischen beiden herrscht eine gereizte, ja aggressive Atmosphäre. Johannes schreit seine Mutter immer wieder an, ist wild und frech. Doch auch die Mutter ist alles andere als ruhig und gelassen – hyperaktiv erscheinen beide. Sie sind hier, weil die Mutter nicht mehr weiter weiß und der Neurologe inzwischen empfohlen hat, Johannes Psychopharmaka zu geben.

»Der hat einfach einen Schwarm Hummeln im Hintern!«

Im Gespräch mit der Mutter ergibt sich folgendes Bild: Die Schwangerschaft mit Johannes verlief normal, doch bei der Geburt kam er fast blau auf die Welt; er hatte die Nabelschnur um den Hals. Der Neurologe vermutet, daß hier die Ursache seiner Probleme zu suchen ist. Johannes wurde sechs Monate gestillt. Später hat er viel gebrüllt, wollte nie richtig essen, hatte immer wieder Husten und sehr häufig Schnupfen. Zeitweise waren die Ohren entzündet, zeitweise die Mandeln, dafür bekam er häufig Antibiotika.

Im ersten Lebensjahr traten auch zum ersten Mal Hautausschläge auf, ein allergisches Ekzem, und im Frühjahr setzte Heuschnupfen ein. Von da an wurde es immer schlimmer. Auch die drei Geschwister zeigen allergische Reaktionen. Bei der ältesten Schwester allerdings besserte sich das Befinden, nachdem sie vor drei Jahren aus dem gemeinsamen Kinderzimmer ausgezogen war. Bei Johannes ist es am schlimmsten. Er ist unruhig, ein Zappelphilipp, keine Minute gibt er Ruhe, weder beim Essen, noch in der Schule, noch bei den Hausaufgaben.

Die Mutter war schon bei den verschiedensten Therapeuten, hat Homöopathie, Bachblüten, Akupunktur, Elektroakupunktur ausprobiert und auch alle Amalgamplomben entfernen lassen.

Auf meine Frage gibt die Mutter an, daß Johannes richtig süchtig sei nach Süßigkeiten, sie am liebsten pfundweise verschlinge.

Eine mikrobiologische Untersuchung ergibt schließlich folgenden Befund: eine schwer gestörte Darmflora mit Befall durch Candida (Stuhlprobe) und hoher Schimmelpilzbefall im Sputum (Speichelprobe).

Wir führen nun eine breitangelegte Kur gegen die Pilze in der Lunge durch, eine Regeneration der gestörten

Darmflora sowie eine Lymphentgiftung und bringen den Mineralstoffhaushalt wieder in Ordnung.

Schimmelpilze: hinter den Betten im Kinderzimmer

Bei einem Befall mit Schimmelpilzen hilft nur eine gründliche Haussanierung.

Nach vier Wochen war Johannes bereits ruhiger, aber irgendwie noch nicht völlig in Ordnung. Weiteres Nachforschen bestätigte schließlich meinen Verdacht: Auf mein Drängen hin untersuchte die Mutter gründlich das Kinderzimmer und fand hinter den Betten und dem Schrank Schimmelpilze – nun war also die Ursache für den starken Pilzbefall des Kindes und die daraus folgenden allergischen und hyperaktiven Reaktionen erkannt.

Die Pilze verursachten auch die allergischen Reaktionen der Geschwister. Es wird damit auch klar, warum die älteste Schwester keine Beschwerden mehr hatte, nachdem sie aus dem Kinderzimmer ausgezogen war.

Nach einer gründlichen Haussanierung und einer breit angelegten naturheilkundlichen, mikrobiologischen Therapie geht es der gesamten Familie gut.

Wichtig

Schimmelpilze haben oft mit Sauberkeit absolut nichts zu tun, sondern mit der Haussubstanz, der Umgebung und dem Wohnort. Schimmelpilze sitzen erfahrungsgemäß häufig in älteren Häusern, in den Ecken, hinter den Schränken, unter den Tapeten, in Ritzen oder Kacheln, in Fliesen, im Bad oder in der Küche.

Vorsicht Biotonne!

Die in letzter Zeit sehr beliebte Biotonne, d.h. die Kompostierung von Küchenabfällen in der Wohnung, ist aus gesundheitlicher Sicht sehr problematisch. Es wurde bei

Laboruntersuchungen nachgewiesen, daß die Biotonne ein Brutplatz für verschiedenste Pilze und Schimmelpilze darstellt. Durch die lange Lagerzeit im warmen Raum können sich diese in den Lebensmittelabfällen ideal vermehren und rund um die Uhr Milliarden von vermehrungsfähigen Sporen in die Raumluft abgeben.

Vorsicht

Kleine Kinder sind durch die Biotonne besonders gefährdet. Wenn sie daran stoßen, werden Billiarden von Sporen in die Luft gewirbelt, welche die Kinder dann einatmen – und die sie unsichtbar krankmachen.

Candida albicans: unsichtbarer Infekt- und Allergieauslöser

Nicht nur Schimmelpilze können Kinder und Erwachsene krankmachen, sondern auch der in der letzten Zeit häufig in die Schlagzeilen geratene Hefepilz Candida albicans. Er bleibt im Gegensatz zu den Schimmelpilzen unseren Augen verborgen. Als er vor ca. 100 Jahren unter dem Mikroskop entdeckt wurde, galt er als harmloser Hefepilz, der bei uns Menschen allenfalls einmal zwischen den Zehen oder bei Frauen in der Scheide zu finden war.

Erst die heutigen verfeinerten mikrobiologischen Untersuchungen haben ihn auch da entdeckt, wo er sehr kritisch betrachtet werden muß, nämlich im mikrobiologischen System des Menschen, z.B. in der Darmflora, Rachenflora, Scheidenflora, Lungenflora; ich entdecke ihn sogar bei mikrobiologischen Untersuchungen im Sperma!

Ein harmloser Pilz wird aggressiv

Aber noch etwas hat uns die Mikrobiologie gezeigt: Ist der Candidapilz erst einmal im Körper, dann kann er unter bestimmten Bedingungen hochaggressiv und genau wie Schimmelpilze für uns Menschen zum Auslöser schlimmer Krankheiten werden. Doch warum ist das so?

Wir wissen, daß Pilze wie andere Organismen auch die Fähigkeit haben, sich zu verändern. Aber Veränderungen gibt es nicht ohne Grund. Es steht nun zu vermuten, daß der Veränderung der Candidapilze zu immer aggressiveren krankmachenden Mikroorganismen verschiedene Faktoren zugrunde liegen, die (wieder einmal) typisch sind für unsere heutige Zeit.

Diese Bedingungen führen zu einer permanenten Störung der hochsensiblen mikrobiologischen Systeme des Körpers und mitunter zu einem Zusammenbruch des Immunsystems; sie sind dafür verantwortlich, daß Menschen immer häufiger von diesem Pilz befallen werden. Dazu zählen u.a.:

Risikofaktoren für einen Candida-Befall

- eine chemieüberladene, kalorienreiche Über- und Fehlernährung
- ein viel zu hoher Fleischkonsum
- Umweltbelastungen durch Schwermetalle, Chemikalien, Abgase und Gifte
- Wasserverseuchung
- Ozonloch
- Elektrosmog
- Streßverhalten
- eine Unsumme ökozerstörender Arzneimittel

Diese Bedingungen führten dazu, daß der ehemals harmlose Hefepilz Candida in der Anpassung an unser heutiges Leben aggressiv wurde und auf der anderen Seite das menschliche Immunsystem immer unfähiger, sich gegen ihn, seine Aggressivität und seine Gifte zur Wehr zu setzen.

Besonders anfällig für diese krankmachenden Prozesse sind wie immer alte Menschen, Kranke, immunschwache Menschen und sehr häufig (unauffällig) Kinder.

Candidabefall bedeutet immer eine gestörte (mikrobiologische) Ökologie

Die Erfahrung zeigt, daß starker Candida- oder Schimmelpilzbefall nur dort auftritt, wo das gesunde und stabile mikrobiologische Ökosystem in Darm, Scheide, Hals- und Rachenraum, Haut usw. ge- bzw. zerstört war. Candidabefall, der krankmachend wirken kann und ein gesundes mikrobiologisches Ökosystem schließen sich aus!

Beachten Sie

Candidabefall (wie auch Schimmelpilzbefall) ist nie die Ursache, sondern immer die Folge von Störungen oder krankmachenden Veränderungen einer ehemals gesunden mikrobiologischen Ökologie.

Aus diesem Grund kann Candidabefall auch niemals eine medizinische Grunddiagnose sein! Wer diesen Zusammenhang begreift, versteht, warum die Diagnose Candida immer zwangsläufig eine breit angelegte Grundregenerationstherapie nach sich ziehen muß und nicht nur eine einfache »Vernichtungstherapie«.

Denn wenn bei einer pilzvernichtenden Therapie mit einem Antimykotikum nur 5 Prozent der Candidapilze überleben, und das ist grundsätzlich immer der Fall, vermehren sich diese nach dem Angriff wieder sehr schnell, denn sie haben ja durch die gestörte Ökologie immer noch ideale Lebensbedingungen.

Bei Candida-Befall sollte immer eine breit angelegte Grundregeneration einsetzen.

Diese Störung der Ökosysteme, die Wegbereiter für den Pilzbefall ist, wird durch bestimmte Lebensgewohnheiten begünstigt.

Ideale Lebensbedingungen für Candidapilze

1. Dazu gehören eine vitalstoffarme Supermarktmischernährung, Fast food, totgekochtes Gemüse, hoher Fleisch- und Fettkonsum.

Die Lieblingsspeisen der Pilze, dank derer sie sich explosionsartig vermehren können, sind:

Nahrungsmittel, die Sie vermeiden oder stark einschränken sollten

- Süßigkeiten jeder Art, vor allem Schokolade, Bonbons
- Zucker
- Honig
- Marmelade
- Cola, Limo
- Kuchen, Kekse
- Weißbrot

2. Gerade die gestörte Darmflora (auch Scheiden-, Lungen-, Rachenflora) ist für Candida ideal, denn es fehlt die Konkurrenz durch gesunde Bakterien und damit die natürliche biologische Abwehr.

3. Auch ein belastetes oder nicht mehr oder noch nicht (Babys) schlagkräftiges Immunsystem liefert für Candidapilze ideale Bedingungen zum Siedeln (typisch für Krebskranke nach Chemotherapie, Aidskranke, Kranke – auch Kinder – nach längeren Kortisontherapien oder häufigen Antibiotikabehandlungen).

4. Ärztliche Therapien mit ökozerstörenden Arzneimitteln, wie Antibiotika, Kortison, Schmerzmittel, Rheumamittel, bei Frauen die Pille, können einen krankmachenden Pilzbefall provozieren. Dieser ist danach meist schwer in den Griff zu bekommen, weil keine ganzheitliche Regenerationstherapie durchgeführt wird. In der Folge kommen die Pilze zum Leidwesen der hilfesuchenden Patienten ständig wieder.

Gerade junge Mädchen und Frauen mit immer wieder auftretenden schmerzenden Scheidenpilzattacken, mit Rötung, Schwellung oder Ausfluß können ein Klagelied davon singen.

5. Insbesondere bei Kindern mit ihrer sensiblen Ökologie lassen sich nach wiederholten Antibiotikatherapien oft

schlimme Ökostörungen im Darm nachweisen; gleichzeitig ist dabei meist ein hochgradiger Candida-, zeitweise sogar Schimmelpilzbefall festzustellen.

Wie wirken Candidapilze auf den Körper?

Ungeachtet der schulmedizinischen Diskussionen zeigt die jahrelange Erfahrung, daß Candidapilze, sofern sie den Menschen besiedelt haben, immer fakultativ-pathogen sind, d.h. zu jeder Zeit krankmachen können.

Beachten Sie

> Solange die körpereigene Ökologie im Gleichgewicht zwischen einer stabilen Mikrobiologie und einem schlagkräftigem Immunsystem ist, sind Candidapilze in gering vertretbarer Anzahl als Mitbesiedler des menschlichen Organismus tolerierbar.

Bei Änderungen der Lebensumstände allerdings, wie vorher beschrieben, bekommen die im menschlichen Organismus vorhandenen Candidapilze gute bis sehr gute Lebensbedingungen; sie können wuchern und pathogen werden, d.h. krankmachen. Sie beginnen dann, immer mehr Wurzeln (Myzele) auszubilden. Damit klammern sie sich z.B. auf der Darmschleimhaut an (Adhärenz) und überwuchern unter Umständen ganze Darmabschnitte.

Die Enzyme der Candidapilze schädigen die Schleimhäute und können zu Entzündungen führen.

Als nächstes bilden sie verschiedene hochaggressive Enzyme aus, wie z.B. Esterasen, Lipasen, saure und alkalische Phosphatasen, mit denen sie in der Lage sind, Löcher in die Zellen der von ihnen befallenen Schleimhäute zu ätzen. Dies führt nun unter Umständen zu Infektionen, zu Entzündungen bei einer gleichzeitigen massiven Immunabwehr (die aber z.B. bei Kortisontherapie nicht mehr stattfinden kann).

Candidatoxine rufen Unterzuckersituationen, Nervenbelastungen und Verdauungsstörungen hervor.

Die Wurzeln mit ihren aggressiven Enzymen brechen nun unter Umständen in die Blut- und Lymphbahn oder in die Nachbarorgane ein, wo sie weiter siedeln und neue Entzündungen setzen, aber gleichzeitig den Zucker aus dem Blut verbrauchen. Die Symptome der Patienten (auch Kinder!) können Müdigkeit, Mattigkeit und Leistungsschwäche sein, oft mit unerkannten Unterzuckersituationen und dadurch immer wiederkehrenden Heißhungerattacken auf Süßes.

Vorsicht

Gleichzeitig streuen die Candidapilze auch ihre Ausscheidungen (Mykotoxine) in den menschlichen Organismus, die – wie bei den Infektionen mit Schimmelpilzen – hochgradig belastende Toxine darstellen. Oft entstehen nun Giftwirkungen im gesamten Organismus, dabei können Nervensystem und Gehirnstoffwechsel in Mitleidenschaft gezogen werden.

Candidapilze schaden durch ihre giftigen Ausscheidungsprodukte dem ganzen Organismus.

Symptome dabei können sein: Müdigkeit, Abgeschlagenheit, Konzentrations- und Schlafstörungen, Nerven- und Herzbelastungen. Depressive Schübe können oft mit Überreiztheit abwechseln.

Das Verdauungssystem reagiert oft mit einem Wechsel zwischen Durchfall und Verstopfung, Blähungen, Eßunlust, Bauchweh. Dazu kommen oft hochgradige Leberbelastungen, zeitweise bei erhöhtem Cholesterinspiegel.

Folge sind auch Allergien, sichtbar auf der Haut als allergische Ekzeme oder Neurodermitis – bei gleichzeitigem Verdacht auf maskierte Allergien auf der Darm- oder Lungenschleimhaut.

Beachten Sie

Eltern sollten besonders aufmerksam sein, wenn sich Kinder ständig am After kratzen. Das ist typisch für Candida- oder Wurmbefall und muß unbedingt abgeklärt werden.

Einige Candidaarten können Nieren-, Herzmuskel-, Gelenk- und Gehirnentzündungen auslösen. Alle diese Probleme lassen sich sogar öfter als erwartet schon bei kleinen Kindern finden – wenn man gezielt danach sucht.

Candida-Alkoholismus

Candida-Pilze gehören zur Gruppe der Hefepilze. Einige Hefen werden in der Lebensmittelindustrie verwendet, insbesondere zur Herstellung von Bier, Wein und Käse. Sie vergären dabei unter Luftabschluß Zucker zu Kohlendioxyd und Alkohol.

Hefepilze vergären im Darm Zucker zu verschiedenen Alkoholen.

Genau diesen Prozeß verursachen Candida-Pilze auch im menschlichen Darmsystem – hier aber wild und unkontrolliert. Wenn man ihnen dazu noch ideale Lebensbedingungen schafft und sie von außen kräftig mit Süßigkeiten füttert, vergären sie diese zu Fuselalkoholen. Behandelnde, die dieses Drama kennen, sprechen deshalb von der »Alkoholdestille Darm«.

Dies habe ich schon des öfteren bei allergiekranken Kindern erlebt, die von ihren Eltern gleichzeitig als völlig überreizt, hyperaktiv oder als lustlos, eßunlustig, mit Schlafstörungen, Verdauungsstörungen und als seltsam wesensverändert geschildert wurden – und bei denen aber im Vordergrund der Behandlung die allergische Hauterkrankung stand!

Diese Fuselalkohole belasten massiv das Darmsystem des Kindes, d.h. die gesunde Darmflora, die Darmzellen und natürlich die Leber, und beeinträchtigen gleichzeitig – wie bei einem echten Alkoholiker – das Nervensystem und den Gehirnstoffwechsel. Sie ziehen wahrscheinlich auch hohe Immunbelastungen und maskierte Allergien auf der Darmschleimhaut nach sich.

Mundsoor bei Kindern nicht verharmlosen

Selbst die immer wieder als harmlos hingestellte Candidainfektion des Mundraums, der **Soor**, der häufig bei Kindern zu finden ist, sollte sehr ernst genommen werden.

Die Pilze können von der Mundhöhle auf die Ohren, den Hals-Rachen-Raum, die Lunge und den Darm übergreifen und von dort weitere krankmachende Infekte auslösen. Es ist bekannt, daß die meisten Pilze über die Mundhöhle aufgenommen werden und dort auch (vorübergehend) siedeln (können).

Beachten Sie

Candidapilze im Mundraum können durch zahnärztliche Behandlungen und auch durch Mundaphthen (kleine Geschwüre in der Mundschleimhaut) ins Blutsystem eingeschleppt werden.
Eine weitere Gefahr besteht darin, daß Candidainfektionen des Mundraums in die Lunge absteigen und dort Infektionen erzeugen können (wie bei den Schimmelpilzen).

Neben der allgemein bekannten Candida albicans finden sich auch andere Candida-Arten, die immer wieder in Laborergebnissen nachgewiesen werden: C. glabrata, C. krusei, C. lumicola, C. guilliermondii, C. pseudotropicalis, C. lanbica, C. tropicalis, C. parapsilosis. Auch diese Arten können auf den menschlichen Organismus übergehen und ihn als hochpotente und krankmachende Keime besiedeln.

Viele dieser Candida-Spezies findet man in der Luft, im Erdboden, im Wasser, aber auch in der Kuhmilch, von wo sie wieder auf den Menschen übertragen werden. Problematisch für die Behandlung ist, daß einige von ihnen (jetzt schon) eine zunehmende Resistenz auf die antimykotische Therapie zeigen, nach dem gleichen Prinzip, das wir auch bei einer ganzen Reihe von Bakterien immer stärker erleben.

Auch andere Candida-Arten reagieren zunehmend resistent auf die Antipilztherapie.

Praxisbeispiel

Mit drei Wochen hatte die kleine Maria ihre erste Mittelohrentzündung. Sie bekam fiebersenkende Zäpfchen und Antibiotikasaft – und das ganze wiederholte sich immer wieder in einem Abstand von ca. 6 Wochen. Inzwischen war Maria 9 Monate alt und, wie eine gründliche Untersuchung ergab, wirklich in einem sehr schlechten Zustand. Sie wirkte im Gesicht etwas eingefallen, hatte blaue Augenringe, einen eher aufgetriebenen Bauch und war, so berichtete die Mutter, den ganzen Tag über kaum zu beruhigen. Sie schrie viel, auch in der Nacht, aß sehr wenig, und die ganze Familie war verzweifelt.

Die Befragung der Mutter ergab, daß Maria sechs Wochen zu früh geboren und nicht gestillt wurde. Die Eltern rauchen beide. Auf Nachfrage gab die Mutter an, daß sie öfter an einer Pilzinfektion der Scheide leide.

Beachten Sie

Fehlbesiedelte Darmflora, nicht gestillt, hohe Immunbelastung: Ungünstiger geht es kaum!

Nach meiner Erfahrung ergibt sich nun folgendes Bild: Wahrscheinlich hatte die Mutter (mikrobiologische Untersuchungen zeigen es häufig) vor der Geburt eine fehlbesiedelte Scheidenflora. Die Folge ist: Das bei der Geburt noch sterile Kind wird sofort mit den Schadbakterien, evtl. auch Pilzen, aus der Vaginalflora der Mutter statt mit einer gesunden Bakterienflora besiedelt.

Als nächster Baustein fehlte bei Maria das Stillen, d.h. die Muttermilch mit ihren schützenden Immunglobulinen. Auch die viel zu frühe Kunstnahrung, die bei fast allen Säuglingen Darmsystem, Mikrobiologie und Immunsystem meist stark belastet, ist ein weiterer Faktor auf dem Weg zur Krankheit. Gleichzeitig steht zu vermuten, daß das Kind von den meist krankmachenden Problemkeimen der Geburtsklinik mit besiedelt wurde (siehe Seite 24 und 97).

Beachten Sie

Die Folgen dieser ungünstigen Faktoren sind eine massive Belastung des kindlichen Immunsystems durch eine mikrobiologische Fehlbesiedlung im Ökosystem der kindlichen Darmflora, die sich gerade aufzubauen beginnt. Als Folge dieser Störung wird das Kind infektanfällig.

Wenn nun das Kind beim ersten Infekt, wie in diesem Fall Mittelohrentzündung, ein Antibiotikum bekommt, tötet dieses zwar die Erreger im Ohr ab, ruft aber gleichzeitig weitere Störungen im ohnehin schon gestörten mikrobiologischen Ökosystems des Darms hervor. Die häufige Folge ist, daß die Ansiedlung von Candida- oder Schimmelpilzen begünstigt wird, weil die gesunde Konkurrenzflora fehlt oder gestört ist. Der nachfolgende Infektkreislauf ist dann nicht mehr zu stoppen.

Das kindliche Immunsystem ist nun mit Abwehr der Schadbakterien, der Pilze und deren Toxine aus dem Darm beschäftigt. Damit ist insbesondere der HNO-Bereich relativ ungeschützt, ja geradezu frei für das erneute Eindringen von krankmachenden Keimen aus der Umwelt.

Jedes weitere noch so gut gemeinte Antibiotikum verschlimmert nur unsichtbar die Gesamtsituation und treibt das Kind immer tiefer in die Infektkette. In vielen Fällen entwickeln sich zusätzlich Allergien.

Erst die ganzheitliche Therapie brachte endlich Hilfe!
Die Stuhluntersuchungen bei Maria zeigten einen hohen Candidabefall und eine schwer gestörte Darmflora. Im Ohr wurden krankmachende Staphylokokken und ein Befall mit Candida festgestellt, ebenso im Hals-Rachen-Abstrich.

Der Scheidenabstrich der Mutter, wie auch der Darm- und Hals-Rachen-Abstrich, zeigten Candidabefall, so daß auch hier ständige Übertragungen von der Mutter auf das Kind stattfanden, z.B. über das Ablecken von Breilöffel oder Schnuller.

Maria mußte nun zunächst das von der Kinderärztin verordnete Antibiotikum nehmen, damit sicher alle Erreger vernichtet wurden. Dann begann die ganzheitliche Systemtherapie.

Präparate einer ganzheitlichen Systemtherapie

Maria bekam dabei folgende Präparate:

- Adiclair susp. (Antimykotikum für Hals-/Rachenraum und Darm)
- Lactobact-Pulver (gesunde lebende Bakterien für Dünn- und Dickdarm)
- Jeden Tag einen Einlauf mit dem Inhalt einer Kapsel Mutaflor 4 mg (Kolibakterien)
- Echinacea-compositum-Globuli für die Immunsituation sowie Thuja compositum als Konstitutionsmittel
- Calcium phosphoricum (syn. 21) (Mineralstoffkomplex), in Flüssigkeit aufgelöst
- Notakehl und Sankombi-Tropfen für die Mittelohrentzündung, welche die Mutter abwechselnd dem Kind in die Nase und auf die Zunge träufeln und vorsichtig in das Ohrläppchen einmassieren sollte

- Einmal eine Gabe Sulfur D30 und Hepar sulfuris 3 x 1
- Spenglersan D und DX, die im täglichen Wechsel um den Nabel verrieben werden, zur Immunstimulation gegen bakterielle Erreger und Toxine
- Silicea compositum für die Ohren

Schon nach 3 Tagen blühte Maria geradezu auf; sie schrie nicht mehr und aß wieder. Die Mittelohrentzündungen sind bis heute vorbei.

Ping-Pong-Pilzinfektion durch Geschlechtsverkehr!

Mikrobiologische Untersuchungen der letzten Jahre zeigen deutlich: Das mikrobiologische System des Darms von Männern, Frauen und Kindern ist oft schwer gestört, d.h. fehlbesiedelt, zum Teil mit Pilzbefall.

Sind diese Pilze einmal im Darm, so sind sie fast immer auch in der Mundhöhle nachzuweisen, bei Frauen oft in der Scheide und bei Männern oft in der Prostataflüssigkeit (was allerdings bei den meisten Männern keine Symptome auslöst!).

Vorsicht

Sobald ein Partner von Pilzen befallen ist, bekommt sie der andere durch Übertragung beim Geschlechtsverkehr – selbst wenn er keine Symptome wahrnimmt. Selbst beim Küssen werden durch den intensiven Schleimhautkontakt Pilze und Schadbakterien übertragen. Bei oralem Verkehr wird zusätzlich auch der Mundraum mit Pilzen infiziert.

Dieser Infektionskreislauf, der beide Partner immer wieder aufs neue ansteckt, kann nur durch eine Therapie beider Partner unterbrochen werden.

Ihrem Kind zuliebe

Hat das mit Pilzen infizierte Paar ein Kind, vielleicht sogar noch einen Säugling oder ein Kleinkind, kann das infektiöse Ping-Pong-System der Eltern zu einer dramatischen Gesundheitsfalle für das Kind werden.

Beim Schmusen mit dem Kind, beim Abschlecken von Breilöffel oder Schnuller können Pilze oder Fremdkeime aus dem Speichel von Mutter/Vater auf das Kind übertragen werden – mit allen gesundheitlichen Folgen für das Kind.

Pilze können auf verschiedenen Wegen von den Eltern auf das Kind übertragen werden.

Sinnvoll wäre es daher, wenn sich zukünftige Eltern vor der Geburt ihres Kindes mikrobiologisch untersuchen lassen würden. Folgende Untersuchungen sollten Sie durchführen lassen:

- Rachenabstrich
- Vaginalabstrich bzw. Spermaprobe
- Stuhlprobe

Wenn die Laborbefunde Störungen oder Fehlbesiedlungen mit Pilzbefall zeigen, sollten sich die (zukünftigen) Eltern an jemanden wenden, der etwas von naturheilkundlich-mikrobiologischer Ganzheitsmedizin versteht.

Tip

Beide Elternteile sollten also auch im Interesse der Gesundheit des Kindes ihre gestörten Ökosysteme wieder in Ordnung bringen lassen.
Sie ersparen sich dadurch manches gesundheitliche Desaster bei ihrem Kind, manche Antibiotikatherapie, viele Sorgen und so manche schlaflose Nacht am Bettchen eines fieberglühenden Kindes.

7 KAPITEL

Schwangerschaft, Geburt, Stillen

Fundament für die Gesundheit des Kindes

Häufig erlebe ich Mütter, die nach einer Periode ständiger Infekte und Allergien ihre Säuglinge und Kleinkinder entnervt in die Praxis bringen, nachdem sie schon verschiedenste Behandlungsansätze versucht haben.

Da es darum geht, das Kind wirklich »gesund« zu machen und nicht nur einzelne Symptome zu bekämpfen, die wieder neue Leiden nach sich ziehen, muß ich eine umfassende Vorstellung vom Gesundheitszustand des Kindes bekommen.

Fragen zu Beginn einer Behandlung

Dazu stelle ich der Mutter bzw. den Eltern verschiedene Fragen, wie z.B.:

- Handelt es sich um ein Wunschkind?
- Wie war die Schwangerschaft?
- Wo wurde das Kind geboren und wie verlief die Geburt?
- Wurde das Kind gestillt und wie lange?

Diese Fragen beleuchten meist das ganze Krankheitsdrama des Kindes, das sich unsichtbar aufgebaut hat. Erst wenn die gesamte Vorgeschichte geklärt ist, kann durchgreifend therapiert und eine dauerhafte Gesundheit hergestellt werden.

Die Frage nach dem Wunschkind ist eher eine psychologisch-immunologische Frage, deren Hintergründe ich hier nur kurz streifen möchte. Verständlich ist, daß sich eine Mutter bzw. beide Eltern auf ein von ihnen gewünschtes Kind freuen, sie ihm Liebe entgegenbringen und es willkommen heißen. Die Seele dieses Kindes weiß: Ich bin willkommen, hier ist mein Platz. So kann es in diesem positiven Energiefeld seiner Mutter und seiner Umgebung in Ruhe wachsen, reifen und gedeihen. Und dies ist bereits in den 9 Monaten seines Heranreifens ein wichtiger Beitrag für seine spätere seelische, geistige und körperliche Gesundheit.

Beachten Sie

Seelenleid, auch Ärger, Probleme, Sorgen und Streß können das Immunsystem unterdrücken. Für das ungeborene Kind entsteht daraus bereits eine Hypothek für sein späteres Leben in Form einer erhöhten Anfälligkeit für Infekte.

Diese Problematik soll mit der Frage »Wunschkind« geklärt werden.

Das neugeborene Kind ist noch völlig schutzlos

Geradezu vorbildlich wird heutzutage medizinisch für die werdende Mutter gesorgt. Blut- und Urinuntersuchungen, Ultraschall, Schwangerschaftsgymnastik und Geburtsvorbereitung gehören zum Standard. Dadurch soll eine möglichst reibungslose und komplikationsfreie Geburt vorbereitet und gewährleistet werden, damit das neugeborene Kind gesund und problemfrei in seine Zukunft hineinwachsen kann.

Schaut man allerdings die vielen Säuglinge an, die relativ bald nach der Geburt infektanfällig werden, so macht dies

Ultraschall-untersuchungen gehören zum Standard in der Schwangeren-vorsorge.

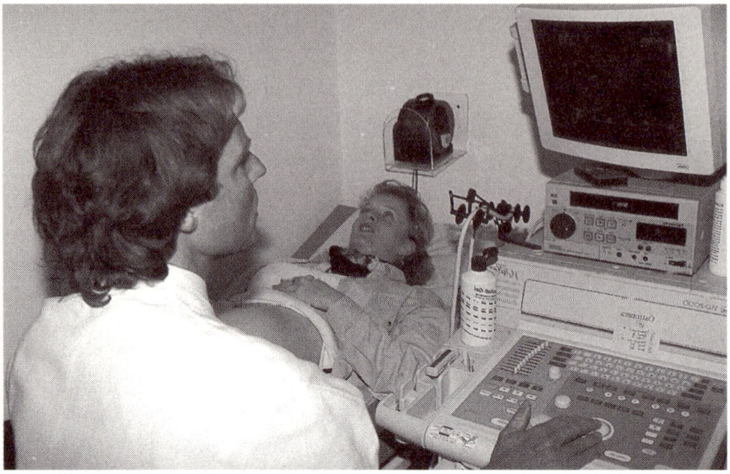

doch nachdenklich. Mittelohr-, Mandel-, Lungen- oder Blasenentzündung, die mit Antibiotika behandelt werden, kommen leider allzu häufig vor, ebenso erweiterte Krankheiten wie Allergien, allergische Ekzeme, Neurodermitis und Heuschnupfen.

Die Medizin läßt bei der gebärenden Mutter und besonders beim neugeborenen Kind die beide umgebende – gesunde, aber auch krankmachende – Bakterien- und Kleinpilzwelt sowie die menschlichen Ökosysteme meist völlig außer acht. Diese Nachlässigkeit bezahlen viele Kinder später mit jahrelangen Krankheiten.

Bakterielle Besiedlung bei der Geburt

Wer denkt schon darüber nach, daß ein Säugling bei der Geburt, wenn er den schützenden Bauch seiner Mutter verläßt, noch völlig frei von jeglicher bakterieller Besiedlung ist.

Die bei uns Erwachsenen so selbstverständlichen Ökosysteme müssen sich bei diesem Säugling erst aufbauen (siehe Seite 97f.).

Zwei wichtige Faktoren treffen im Moment der Geburt zusammen, die auf die zukünftige Gesundheit einen gravierenden Einfluß haben werden:

1. In dem Moment, in dem das Kind durch den Vaginalkanal der Mutter gepreßt wird, werden Milliarden von Bakterien auf das noch sterile Kind übertragen. Diese breiten sich sehr schnell aus, denn sie haben auf der noch unbesiedelten Haut des Säuglings keine Konkurrenz.
2. Gleichzeitig stürzen sich Bakterien aus der umgebenden Luft auf den Säugling, und die weitere Besiedlung der späteren kindlichen Ökosysteme wie Haut, Hals, Rachenraum, Lunge, Darm und Scheide beginnt.

Wichtig

Gerade diese Besiedlung ist es, die über Gesundheit oder Krankheit des Säuglings und späteren Kleinkinds entscheiden wird.

Fehlbesiedelte Vaginalflora der Mutter: Gefahr für den Säugling

Praxisbeispiel

Vor einiger Zeit saß mir Herr G. gegenüber. Er hatte Probleme wegen seines seit Jahren hartnäckigen, chronischen Asthmas, für das er immer wieder Kortisonspray und andere Mittel bekam. Da Lunge und Darm für den ganzheitsmedizinischen Behandler zusammengehören, ließ ich bei ihm eine Stuhluntersuchung, einen Rachenabstrich, eine Sputumuntersuchung aus der Lunge und eine Spermauntersuchung vornehmen.

Alle Proben zeigten eine hochgradige bakterielle Fehlbesiedlung, gleichzeitig Candidabefall (auch im Sperma). Daraufhin fragte ich Herrn G. nach ehelichem Verkehr, denn hier finden häufig intensive Übertragungen auf den Ehepartner statt.

Als Herr G. mir dann erzählte, seine Frau sei im achten Monate schwanger, war ich entsetzt. »Haben Sie mit Ihrer Frau noch Verkehr?«, so meine Frage. »Ja sicher«, sagte Herr G.

Auf meinen Wunsch hin ließ auch Frau G. eine Stuhlprobe und einen Vaginalabstrich untersuchen, und der Befund bestätigte meine Befürchtungen: Statt einer gesunden Lactobazillenflora war die Scheide von Frau G. hochgradig mit krankmachenden Kolibakterien, auch Enterokokken aus dem Dickdarm besiedelt sowie mit Candidapilzen – und das kurz vor der Geburt!

Nun war sozusagen Alarmtherapie für Frau G. angesagt. Die krankmachenden Bakterien aus dem Darm und die Candidapilze mußten vernichtet werden, sonst stand die zukünftige Gesundheit des ungeborenen Kindes auf dem Spiel.

Beachten Sie

Die Pilze und Bakterien aus dem Vaginalkanal der Mutter werden bei der Geburt nicht nur auf die Haut des Kindes, sondern gleichzeitig mit dem Fruchtwasser und Schleim auf die Schleimhäute des Mundes und des Hals- und Rachenraumes übertragen, von wo aus sie in die Lunge oder in das Darmsystem absteigen können.

Deshalb muß die Grundforderung bei einer Schwangeren auch im Sinn des zukünftigen neugeborenen Lebens heißen: Blut-, Urin- und Schwangerschaftsuntersuchungen sind wichtig, ebenso aber auch frühzeitige mikrobiologische Breitspektrumuntersuchungen der Vaginalflora der Mutter. Vor der Geburt sollte eine gründliche mikrobiologische Regenerationstherapie stattfinden – das gilt auch für den Mann, da sonst beim Geschlechtsverkehr eine ständige wechselseitige Übertragung erfolgen kann. Den später auf diesem Hintergrund erkrankten Säuglingen »als eine Art Reparaturtherapie« Antibiotika zu geben, ist der falsche Weg.

Krankenhauskeime machen Neugeborene krank

Untersuchungen haben gezeigt: Gerade unsere westlichen Krankenhäuser bergen oft eine Reihe gefährlicher Bakterien, beispielsweise Staphylokokken, Streptokokken, Kolibakterien, aber auch Candidapilze, die gegen die tägliche Desinfektion immun geworden sind. Sie sind in die Resistenz (Widerstandsfähigkeit) geradezu hineingetrieben worden. Sie sitzen nun unausrottbar als Quelle ständiger unsichtbarer Krankheit auf den Böden, an den Wänden, in den Betten, auf den medizinischen Instrumenten und natürlich zu Billiarden unsichtbar in der Raumluft. Man nennt sie in der Fachsprache verharmlosend »Problemkeime« (siehe Seite 24f.).

Natürlich gibt es diese (multi-)resistenten, oft pathogenen Problemkeime auch in den Geburtskliniken. Der neugeborene, noch sterile Säugling bietet ihnen ideale Bedingungen für eine Besiedlung. Sie bleiben aber nicht nur auf der Außenhaut, die ja einen relativ dicken mechanischen Schutz darstellt, sondern werden in den Hals- und Rachenraum und in die Lunge eingeatmet und in den Darm verschluckt, denn Säuglinge haben quasi noch keine Magensäure, die Bakterien abtöten könnte. So entsteht eine krankmachende Hypothek für die Zukunft des Säuglings.

Problemkeime besiedeln nicht nur die Haut des Säuglings, sondern gelangen über den Rachen auch in Lunge und Darm.

Mikrobielle Besiedlung des Säuglingsdarms

Mikrobiologische Untersuchungen zeigen, daß die Besiedlung des Säuglingsdarms während der ersten Tage nach der Geburt erfolgt.

Die Bakterien stammen dabei aus verschiedenen Quellen:

- Vaginalflora der Mutter
- Raumluft
- Kleidung und Umgebung
- Nahrung, in der Regel aus der Muttermilch
- Direkter Hautkontakt (z.B. durch Ablecken der Mutterbrust, Schmusen usw.)

Wie verschiedene Studien ergaben, hat das mikrobielle Milieu der Klinik großen Einfluß auf Art und Verlauf der Darmbesiedlung eines Neugeborenen. Dabei spielen die für die jeweilige Geburtsabteilung repräsentativen Hospitalkeime eine sehr wichtige Rolle, da sie zumindest für die Dauer des Aufenthalts in der Klinik auch zur Ansiedlung gelangen. Dies birgt für den empfindlichen Säugling Gefahren, da man potentiell krankmachende und antibiotikaresistente Stämme gehäuft in der Klinikumgebung findet.

Hinzu kommt, daß die Darmflora des Neugeborenen im Stadium der Entwicklung ist und im Lauf der ersten Wochen noch keine ökologische Stabilität erreicht hat. Somit können sich krankmachende Umgebungskeime leicht ansiedeln. Ferner verfügen Neugeborene noch nicht über ein ausgeprägtes eigenes Immunsystem.

Beachten Sie

Wenn der Säuglingsdarm von krankmachenden, resistenten Krankenhauskeimen, z. B. Staphylokokken, Streptokokken, pathogenen Kolibakterien oder gar Candidapilzen, statt von gesunden Kolibakterien besiedelt wird, so ergibt sich für das Immunsystem des Säuglings eine kaum zu bewältigende Aufgabe.

Die Folgen sind bakterielle Infekte, oft auch Allergien, deren Ursachen erfahrungsgemäß in der fehlbesiedelten

Darmflora des Säuglings und Kleinkindes zu suchen sind. Diese Ursache wird aber fast nie erkannt, und die Krankheiten bzw. Symptome werden einfach mit Antibiotika oder Antiallergika behandelt – ein schlimmer Teufelskreis für das neugeborene Leben.

Wichtig

> Die gesunde bakterielle Besiedlung des Säuglingsdarms sollte man nicht dem Zufall überlassen.

Die Schlußfolgerungen aus den Erkenntnissen dieser mikrobiologischen Untersuchungen in Kliniken können nur lauten: Gerade in unserer heutigen Zeit, wo Kinder – das gilt zumindest für die Industrieländer – fast ausschließlich in Kliniken geboren werden, die oft mit unsichtbaren Problemkeimen belastet sind, sollte mit den Worten Theodor Escherichs (nach dem das Escherichia-Coli-Bakterium benannt wurde) »die bakterielle Besiedlung des Säuglingsdarms nicht dem Zufall überlassen werden«.

Escherich erkannte bereits um 1900 einen Großteil der Problematik und empfahl, Säuglingen sofort nach der Geburt gesunde Kolibakterien zu geben, die für die nachfolgende gesunde Besiedlung das Darms die typischen Leitkeime und Erstbesiedler darstellen.

Escherich meinte: »Wenn schon Colis, dann gesunde Colis, die sich auch sofort mit den krankmachenden infekt- und allergieauslösenden Problemkeimen und Pilzen des Krankenhauses der Umgebung und der Vaginalflora der Mutter auseinandersetzen können.«

Das ist eine Therapie, die im Vergleich zu den »Reparaturkosten« in späterer Zeit mit Antibiotika, Arztbesuchen, Blutuntersuchungen, wieder Antibiotika, oft noch Antiallergika, jahrelanger Desensibilisierung nicht einmal Pfennige kosten würde, die aber äußerst hilfreich wäre und viele dieser schlimmen Krankheiten unserer Kinder und viel seelisches Leid verhindern könnte.

Nicht oder zuwenig gestillte Kinder sind besonders anfällig

Besonders gefährdet für eine Besiedlung mit krankmachenden Bakterien sind Kinder, die überhaupt nicht gestillt werden und sofort »Kunstnahrung« bekommen, oder Kinder, die nur ein bis zwei Wochen gestillt werden und dann auf andere Nahrung umgestellt werden.

Koliken

Man erlebt oft, daß diese Säuglinge stundenlang herzzerreißend schreien, die Nahrung verweigern oder spucken, die Füßchen immer wieder brüllend ruckartig an den Bauch ziehen und wegstoßen. Und dann spricht man von der Trimenonkolik (Drei-Monats-Kolik) und sagt, das sei normal, das käme von der Ernährungsumstellung – ja, auch!

Diese Koliken werden aber meiner Erfahrung nach primär von einer Veränderung der Darmflora ausgelöst, die meist, weil sie fehlbesiedelt ist, Blähungen, Gärung, Krämpfe, Schmerzen beim Säugling auslöst.

Beachten Sie

Diese Probleme müßten nicht sein, wenn zeitgerecht unter fachlicher Anleitung eines kundigen Behandlers mit gesunden E.-Coli-Bakterien, Lactobazillen, Bifidobakterien usw. die Darmflora des Säuglings naturgemäß aufgebaut worden wäre. Eine gesunde Darmflora schützt effektiv vor Fehlbesiedlung des Darms.

Das Risiko, durch einen unsichtbar mikrobiell fehlbesiedelten Darm ein brüllendes, schlafloses Kind zu haben, welches vor diesem Hintergrund immer stärkere Infektanfälligkeit und Allergien entwickelt (wie die Erfahrung zeigt), ist sehr groß.

Was kann man tun?

Alle erkrankten Säuglinge und Kleinkinder in meiner Praxis bekommen als Basistherapie E.-Coli-Bakterien, Bifidobakterien, Lactobazillen und andere zusätzliche Bakterienpräparate, Mineralstoffpräparate, Lymph-, Leber- und Nierenausleitung, Konstitutionstherapie und erst danach ein Arzneimittel für das aktuelle Symptom.

Zur Basistherapie gehört der Aufbau einer gesunden Darmflora.

Nach meiner Erfahrung sind die Kinder nach spätestens 1 bis 3 Tagen fast wieder fieberfrei, und der Spuk ist oft für sehr lange Zeit vorbei. Danach kann sich das von inneren Belastungen befreite kindliche Immunsystem endlich seinen wirklichen Abwehraufgaben widmen, d.h. Krankheitserreger von außen bekämpfen und sich mit diesen gesund auseinandersetzen – durchaus auch mit Fieber, aber ohne Antibiotika, gewissermaßen als Lernauftrag für das Leben.

Stillen ist mehr als nur Nahrung für den Säugling

Zwischen Pilzerkrankungen, Infektanfälligkeit, Allergien und Stillen gibt es direkte Zusammenhänge. Klinische Erfahrungen zeigen schon lange, daß Säuglinge, die gestillt werden, wesentlich besser gegen Infekte oder Infektionen geschützt sind als nicht gestillte Kinder. Die Studien zeigen, daß gestillte Kinder auch wesentlich seltener an Erkrankungen des Darms leiden als Flaschenkinder.

Stillen schützt das Kind besser gegen Infekte und Darmerkrankungen.

Der Säuglingsdarm wird durch die Muttermilch fast überwiegend von Bifidobakterien besiedelt, die als säurespendende Bakterien ein geradezu feindliches Milieu für andere krankmachende Erreger schaffen. Gleichzeitig enthalten die Ausscheidungen der Bifidobakterien wichtige (L+)-Milchsäuren und kurzkettige Fettsäuren und schaffen gleichzeitig einen erniedrigten pH-Wert im Säuglingsdarm – alles Schutzfaktoren für den Säugling.

Allgemein gilt

Die Muttermilch enthält eine breite Palette schützender Immunglobuline und entzündungshemmender Substanzen, die auf den Säugling übergehen und ihm in der Säuglingsphase Immunschutz gewähren.

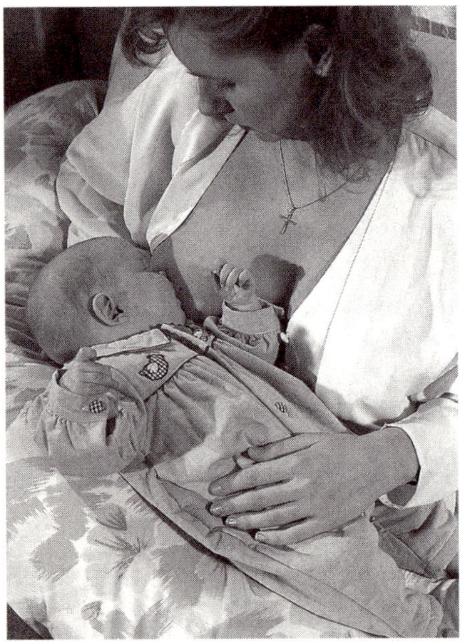

Über die Muttermilch bekommt der Säugling Immunglobuline und schützende Bakterien.

Meiner Erfahrung nach wurden viele Kinder, die von ihren besorgten Eltern in die Praxis gebracht werden, nicht oder viel zu kurz gestillt und viel zu früh auf Kunstnahrung umgestellt. Viele dieser Kinder sind nach Auskunft der Mütter Schreikinder gewesen, oft kränklich mit unguten Ketteninfektionen und Allergien.

Sie wollten auch immer im Bett der Eltern schlafen, auf dem Arm herumgetragen werden und waren – wie man so schön sagt – schwierig. Gleichzeitig spuckten sie als Säuglinge sehr viel, verweigerten öfters die Nahrung, hatten Blähungen, Krämpfe und Verdauungsstörungen und zeigten teilweise auch Entwicklungs- und Gedeihstörungen.

Die mikrobiologischen Untersuchungen ergaben fast immer eine extreme Fehlbesiedlung in der kindlichen Darmflora mit allen vorher gezeigten Folgen. Echte Heilung konnte nur eine grundlegende mikrobiologisch-naturheilkundliche Regenerationstherapie bringen.

Nach der Frühgeburt begann das Drama

Praxisbeispiel

Das Leben schreibt Geschichten, für die – wollte man sie erfinden – kaum die Phantasie ausreichen würde. So ist es auch bei der Geschichte der Eheleute S. und ihres frühgeborenen Sohnes Konstantin.

Konstantin war 6 1/2 Wochen vor dem errechneten Geburtstermin auf die Welt gekommen. Die Eltern hatten jahrelang vergeblich auf ein Kind gewartet, hatten Hormonkuren, künstliche Befruchtungen usw. versucht. In der 33. Schwangerschaftswoche bekam die Mutter eineinhalb Tage nach einer Vorsorgeuntersuchung heftigen Schüttelfrost und Fieber. Sie fuhr in die Klinik, wo man das Kind, dessen Herztöne kaum mehr zu hören waren, per Kaiserschnitt entband. Danach wurde das Kind künstlich beatmet. Gleichzeitig bekam es Kreislaufmedikamente, weil der Blutdruck nicht stabil war. Und weil das Fruchtwasser der Mutter schon grün gewesen war, erhielt es massiv Antibiotika. Die Mutter vermutete, daß zwei Tage vorher bei der Untersuchung in der Klinik Keime in die Fruchtblase aufgestiegen waren, denn sie hatte eine starke Infektion mit Streptokokken. In diesem infektiösen Fruchtwasser war das Kind gelegen.

Streptokokkeninfektion und Antibiotikatherapie

Das Kind lag sechs Tage von der Mutter völlig isoliert auf der Intensivstation und weitere zehn Tage auf der Kinderstation. Stillen war unmöglich; auch an der Pflege ihres Babys konnte sich die Mutter nicht beteiligen.

Nach 14 Tagen konnte Frau S. ihr Kind nach Hause nehmen. Doch kurz danach begann die erste Mittelohrentzündung, und sofort bekam Konstantin wieder Antibiotika. Kurze Zeit danach entwickelten sich Ausschläge in den Armbeugen, in den Kniekehlen, am ganzen Körper und am Kopf. Der Kinderarzt diagnostizierte Neurodermitis.

Neurodermitis in der schlimmsten Form

Die Neurodermitis entwickelte sich bei Konstantin so schlimm, daß sich die Haut des gesamten Körpers hochrot entzündete, aufquoll, teilweise blutig und eitrig war. Konstantin schrie Tag und Nacht, verweigerte die Nahrung. Die Mutter versuchte alles Erdenkliche, aber schlußendlich war der Neurodermitis nicht beizukommen.

Bei Konstantin entwickelte sich eine Neurodermitis der schlimmsten Form.

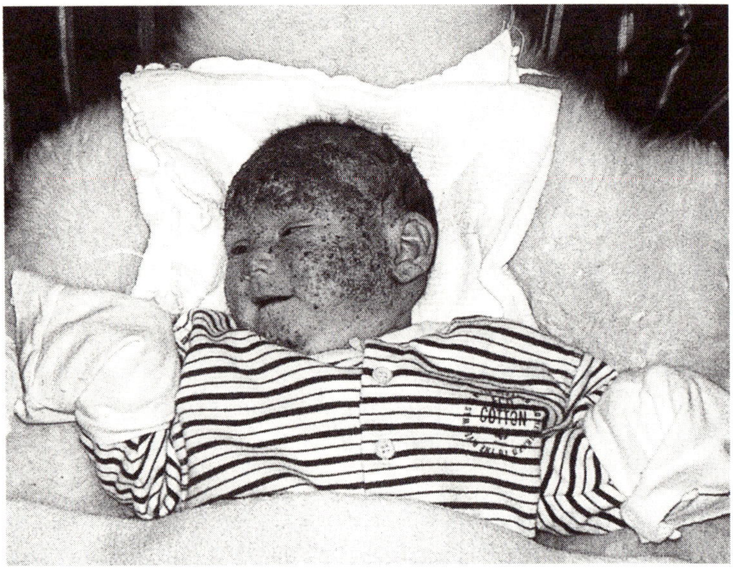

Zwischendrin bekam Konstantin wieder Mittelohrentzündung und dafür natürlich Antibiotika. Auch eine Reise mit Klimawechsel und Sonne brachte keine Verbesserung von Konstantins Zustand. Einen gewissen Erfolg zeigte auf lange Sicht die von einer Freundin empfohlene Urintherapie.

Die Eltern tupften die aufgequollene, schmerzhafte, teilweise blutige Haut mit dem Morgenurin des kleinen Konstantin immer wieder ab. Allmählich wurde dabei auch die 10 mm dicke Schorfdecke auf dem Kopf des Kindes dünner. Dieser Schorf riß immer wieder auf, war teilweise eitrig, das Kind schrie, sah schlimm im Gesicht aus.

Es entwickelte sich nun ein gewisses Auf und Ab, d.h. die Allergie war manchmal stärker, manchmal weniger stark. Als wieder ein neuer Allergieschub einsetzte, kamen die Eltern mit ihrem Kind zu mir in die Praxis.

Schwer gestörte Darmflora

Die Stuhluntersuchung zeigte pathogene Kolibakterien, Klebsiellen und einen hochgradigen Candida-albicans-Befall. Die Therapie bestand entsprechend der naturheilkundlich-ganzheitlichen Denkweise aus Lactobact, einem Gemisch von Lactobazillen und Bifidobakterien, Kolibakterien, Utilin, Utilin S., Latensin, Notakehl und Sankombi sowie Mineralstoffpräparaten wie Calcium phosphoricum (Syn.21), Magnesium phosphoricum (Syn.132), welche in Wasser oder Tee aufgelöst dem Kind gegeben werden mußten, gleichzeitig Echinacea compositum für die Lymphentgiftung und Lymphausleitung sowie dynamisiertes Eigenblut nach Theurer in C7 und C1-C6, einmal täglich einen Tropfen auf die Zunge.

Gleichzeitig bekam die Mutter zur Ausleitung der Gifte der verschiedenen Antibiotika Chloramphenicol und die Spenglersane D und Dx, wobei je ein Tropfen im täglichen Wechsel in den Nabel des Kindes eingerieben werden mußte.

Bereits nach 14 Tagen berichtete die Mutter, daß es Konstantin im Vergleich zu früher wesentlich besser gehe; die Haut beginne abzuheilen, und er habe auch immer mehr Appetit.

8

KAPITEL

Damit Ihr Kind wieder gesund wird: Naturheilkundlich-mikrobiologische Ganzheitstherapie

In den vorhergehenden Kapiteln wurde ausgeführt, warum für die ganzheitliche Behandlung das Denken und Behandeln in **Systemen**, insbesondere in Ökosystemen und deren komplizierten Zusammenhängen, so wichtig ist. Denn Krankheitserreger haben nur dann die Chance sich festzusetzen, wenn das körpereigene Gleichgewicht an einer Stelle aus dem Lot ist. Um eine Heilung zu erreichen, muß deshalb der gesamte Organismus therapiert und nicht nur das Symptom »bekämpft« werden.

Wichtig

- Das Denken in Systemen erfordert immer regulierende bzw. regenerierende Therapien für die Systeme, ganz gleich ob das Kind »nur« Schnupfen oder Bauchweh hat oder an Pilzbefall leidet.
- Sie erinnern sich an die Kernaussage: Wo immer im kindlichen Organismus (auch in der Psyche) etwas gestört (krank) ist – gestört (krank) ist immer das ganze Kind. Also muß auch ganzheitlich behandelt werden.

Die Verbindung aus dem alten Erfahrungsschatz der Naturheilkunde, dem neuen Wissen der Mikrobiologie, der Ganzheitsmedizin, dazu die Berücksichtigung der Psyche bzw. Psychosomatik in Form von auf den (kleinen) Patienten zugeschnittenen Therapien bringt nach meiner jahrelangen Erfahrung Kinder schnell wieder zu guter und dauerhafter Gesundheit.

Elternmitarbeit

Natürlich braucht man die Einsicht und den guten Willen der Eltern, um diese durchaus anspruchsvollen Therapien mitzumachen und insbesondere auf die Ernährung und Lebensweise des Kindes zu achten. Doch die Mühe lohnt sich. Dafür haben die Eltern dann über lange Zeit ein gesundes Kind – wie es die Erfahrung zeigt.

Die aktive Mitarbeit der Eltern ist wichtig, damit das Kind wieder gesund wird.

Der kindliche Organismus ist noch sehr reaktionsfreudig

Ältere Patienten bringen in die Praxis oft eine ganze Plastiktüte voller (widersprüchlichster) Medikamente mit, die sie von verschiedenen Behandlern bekommen haben. Da bei älteren Menschen die Ökosysteme meist schon stark blockiert oder erstarrt sind, wird oft versucht, mit Antimitteln und/oder blockadebrechenden Mitteln zu therapieren – dies ist in der Regel gut gemeint, aber meist eher sinnlos.

Kinder reagieren ganz anders. Ihre Lebenssysteme sind noch »jungfräulich« und ungeheuer reaktionsfreudig. Sie warten nur darauf, daß ihre »krankhaft« gestörten (Öko-)Systeme (durch genetische Veranlagung, seelische Belastungen, Immunstreß, Wohlstandsfehlernährung, Chemieüberlastung, Umweltgifte, ökozerstörende ärztliche Therapien, Schadbakterienbefall, Pilzgifte usw.) wieder auf »normal« eingestellt werden.

Meine Erfahrung

Niemand reagiert auf eine Ganzheitstherapie schneller mit stabiler Gesundheit als Kinder – dies ist desto günstiger, je jünger die Kinder sind. Oft reichen schon 2 bis 3 Tage Therapie, und dem Kind geht es wieder viel besser als vorher unter Antibiotikatherapie.

Häufig berichten die Eltern auch, daß ihre Kinder nach ganzheitlicher Therapie stabil und gesund durch den Winter gekommen sind, während im Kindergarten oder in der Schule viele Kinder krank waren. Vor der Therapie, so die Mütter, sei ihr Kind immer das erste gewesen, das den ganzen Winter über krank war.

Nicht nur die ständige Infektanfälligkeit der Kinder läßt sich mit der Ganzheitstherapie wunderbar beseitigen, auch viele Allergien sprechen sehr gut darauf. Die Kinder gesunden, weil ihre Ökosysteme endlich regenerieren (können oder dürfen).

Belastender Pilzbefall mit seinen Toxinen muß in diese Therapien immer mit einbezogen werden.

Komponenten der Ganzheitstherapie

- Wiederherstellung des bakteriellen Gleichgewichts, Darmsanierung usw.
- Konstitutionstherapie
- Lymphtherapie: Die Entgiftung und Reinigung der Lymphe und der belasteten lymphatischen Organe bedeuten eine Immunstabilisierung.
- Mineralstofftherapie: Alle Lebensabläufe im Körper unterliegen biochemischen Regulatoren. Die Katalysatoren dazu sind Minerale; sie regulieren unser Leben. Eine ausreichende und ausgewogene Versorgung mit Mineralien ist daher unabdingbar.
- Ernährungsumstellung

Vererbung bestimmter Krankheitsanlagen

Wenn die Eltern in ihrem Erbmaterial Anlagen für bestimmte Krankheiten tragen, so können diese auf die Kinder vererbt werden.

Wir Eltern vererben unseren Kindern nicht nur ihre spätere Augen- und Haarfarbe, sondern auch unsere eigenen Anlagen zu Gesundheit oder zu Störungen und Krankheit – oft noch mit dem Erbgut der Großeltern bzw. Urgroßeltern vermischt.

Bestimmte genetische Anlagen für Gesundheit oder Krankheit werden von den Eltern auf die Kinder vererbt.

Wir vererben unserem Kind nicht nur Anteile unseres Temperaments, ob es cholerisch, phlegmatisch, melancholisch oder sanguinisch sein wird. Wir vererben ihm auch unsere Konstitution. Sichtbar ist meist sofort, ob das Kind athletisch (kräftig, muskulös, sportlich), leptosom (hochaufgeschossen, schmalbrüstig) oder pyknisch (dicklich, untersetzt, stämmig) von der Natur geschaffen wurde.

Konstitutionslehre

Die Konstitutionslehre zeigt dem eingeweihten Behandler, daß jeder Konstitutionstyp auch gewisse Stärken und Schwächen, Anlagen zu Gesundheit und bestimmten Störungen oder Erkrankungen in sich trägt. Anlagen zu Gicht und Rheuma z.B. sind seit Jahrtausenden in der Volksmedizin bekannt.

Ein ganzheitlicher Behandler wird (bzw. muß!) dieses Wissen in seine Therapien mit einbeziehen, denn die Konstitutionen sind die Wurzeln, aus denen Krankheiten wachsen. Sie müssen immer als erstes therapiert werden.

Auf braune oder gelbe Blätter eines kranken Baumes Kortisonsalben aufzutragen, wie es (bildlich gesprochen) bei Neurodermitiskindern immer wieder passiert, zeigt nur das Mißverständnis des Behandlers von seinem Bild des Menschen und von der Art einer Ursachenbehandung!

Kindertypen

Das lymphatische Infekt- und Allergiekind

Lymphatische Kinder erkennt man auf den ersten Blick. Ihre äußeren Kennzeichen sind:

- blondes (rotblondes) Haar
- blaue/graue Augen
- blasse Haut

Sie sind unsere typischen Infekt- und Allergiekinder, die immer wieder irgend etwas mit sich »herumschleppen, aufschnappen oder ausbrüten«.

Das Wort »lymphatisch« ist abgeleitet vom Lymphsystem, das Lymphe, Lymphknoten, lymphatische Organe und auch Lymphozyten umfaßt und ein wichtiger Bestandteil der körpereigenen Immunabwehr ist. Lymphatische Kinder haben von der Konstitution (Anlage) her Probleme mit dem lymphatischen System und den lymphatischen Organen. Ihre Immunabwehr reagiert entweder überschießend (Allergien), verzögert (infektanfällig) oder im Wechsel.

Beachten Sie

Die **Polypen**, die **Mandeln** und der **Blinddarm** gehören zu den lymphatischen Organen. Da sie häufig zu Wucherungen mit bakteriellem Befall neigen, werden sie oft sehr früh herausoperiert. Doch dies kann nur dann sinnvoll sein, wenn sie selbst zum bakteriellen Streuherd geworden sind.

Früher wurden die Mandeln der Kinder viel zu schnell entfernt. Die naturheilkundliche Ganzheitstherapie hat so manchen kleinen Patienten vor einer Operation bewahrt.

Häufig findet man bei lymphatischen Kindern auch Hautprobleme, Bronchitis, langandauernde Schnupfenphasen und die ewigen Verdauungsstörungen mit den typischen Bauchwehsituationen.

Lymphatische Kinder werden nochmals in zwei Typen unterschieden:

Der Calcium-phosphoricum-Typ

Der erste lymphatische Typ ist eher schmalbrüstig, lebhaft bis hyperaktiv; er kann nicht stillsitzen, sich in der Schule und bei den Hausaufgaben nicht konzentrieren, ist aber blitzgescheit und hat alles Mögliche im Kopf, nur nicht das, was er soll. Dabei ist er kurzzeitig sehr leistungsfähig und dann plötzlich wieder wie ausgebrannt. Homöopathisches Konstitutionsmittel: Calcium phosphoricum.

Lymphatische Kinder sind blond und blauäugig und haben eine blasse Haut.

Der Calcium-carbonicum-Typ

Der zweite lymphatische Typ ist eher dicklich, träge, phlegmatisch und weder durch Schimpfen noch durch Schreien aus der Ruhe zu bringen. Man könnte meinen, er »brüte Eier aus«. Er möchte nicht gedrängelt werden, sondern seine Ruhe haben. Er tut das, was man ihm aufträgt, eher lustlos.

Alle seine Körperreaktionen sind langsam, vom Essen bis zum Stuhlgang. Krankheiten schleppt er so dahin, kränkelt gern, reagiert auch mit Fieberträgheit. Homöopathisches Konstitutionsmittel: Calcium carbonicum.

Beachten Sie

Da lymphatische Kinder von ihrer seelischen Konstitution her sehr sensibel und schmerzempfindlich sind, brauchen sie besonders viel Aufmerksamkeit und Liebe.

Die richtige Therapie

Da gerade diese Kinder immer wieder an Infekten leiden und häufig Allergiker sind, erlebe ich sie häufig in der Praxis nach einer Reihe von Antibiotikatherapien, die nicht mehr geholfen haben. Aber gerade die lymphatischen Kinder sprechen wunderbar auf naturheilkundliche Ganzheitstherapien an – je jünger, desto besser.

Diese Kinder brauchen dringend:

- eine mikrobiologische Regeneration des Darms, eventuell auch der Lunge und des Hals- und Rachenraums
- eine ausleitende und entgiftende Lymphtherapie
- Mineralstofftherapie
- Konstitutionstherapie

Augendiagnose zeigt Hintergründe

Neben der gründlichen körperlichen Untersuchung sowie der unverzichtbaren mikrobiologischen Untersuchungen von Stuhl, Schleimproben usw. steht dem ganzheitlichen Behandler noch eine weitere wertvolle Diagnosemethode zur Verfügung, die **Augendiagnose**.

Beachten Sie

Die Augendiagnose als Hinweisdiagnose zeigt sofort und präzise, von welchem Konstitutionstyp das Kind ist und welche »gesundheitlichen Fallen« es von seinen Eltern (oder auch Großeltern) mitbekommen hat.

Sie zeigt, ob Organe bzw. Organsysteme stabil angelegt sind und wo die Schwachpunkte liegen, die es in der Ganzheitstherapie besonders zu berücksichtigen gilt.

Diese Stör- oder Krankheitsanlagen sind schon bei kleinen Kindern ab dem 3. Lebensjahr in den Augen sichtbar. Ein erfahrener ganzheitlicher Behandler wird alles

Bemühen darauf richten, diese schon im Kindesalter stabil auszutherapieren, um das Risiko späterer Erkrankungen so gering wie möglich zu halten.

Allein die Farbe der Augen, ohne die feinen Zeichnungen darin genauer angeschaut zu haben, hat für den erfahrenen Behandler Aussagewert über den »Typ« und die Veranlagung zu bestimmten Störungen oder Erkrankungen.

Allgemein gilt

> Augendiagnostiker unterscheiden dabei zwischen dem blau-, grau-, grün- oder braunäugigen Menschen. Die Erfahrung aus 3000 Jahren Augendiagnose zeigt: Jeder Typ hat »seine« Stärken und Schwächen, seine Anlagen zu Gesundheit oder zu bestimmten Reaktionsmustern oder Erkrankungen von der Natur mitbekommen.

Interessant dürfte noch folgendes sein: Schon die »alten« Augendiagnostiker haben immer wieder darauf hingewiesen, daß graue Augen ein Zeichen von Degeneration seien; sie wiesen darauf hin, daß Prozesse im Körper aufgrund bestimmter Einflüsse gestört sind und nicht mehr naturgemäß ablaufen.

Gerade in unserer heutigen Zeit ist zu beobachten, daß viele Kinder diese Welt mit großen, strahlend blauen Augen betreten und ihre Augenfarbe nach ein paar Jahren aufgrund von Umwelteinflüssen nach grau wechselt.

Bakterien als Arzneimittel?

Pro-biotisch statt anti-biotisch

Es gibt auf dieser Welt nicht nur krankmachende, sondern eine ganze Reihe apathogener (d.h. nicht krankmachender) Bakterien, die für Mensch und Tier bei Krankheitszuständen wie ein natürliches Antibiotikum wirken können.

Bestimmte Bakterien können wie ein »natürliches« Antibiotikum wirken.

Denn diese Bakterien haben abwehrende Eigenschaften gegenüber anderen krankheitserzeugenden Organismen.

Bauern vieler Länder heilten z.B. Darmkrankheiten ihrer Rinder mit **Heuaufgüssen**, welche die Tiere trinken mußten. Das kennt man schon seit Jahrhunderten aus dem Erfahrungsschatz der Volksmedizin.

Heuaufgüsse haben sich seit Jahrhunderten in der Volksmedizin bewährt.

Moderne mikrobiologische Untersuchungen haben gezeigt, daß man diese speziellen Bakterien mit den abwehrenden Eigenschaften gegen krankmachende Artgenossen insbesondere in den Exkrementen von Kühen, in Heuaufgüssen und im Torf findet. Daher werden diese Nutzbakterien im Volksmund auch »Heubakterien« genannt.

Schon 1887 beschrieb der Pasteur-Schüler Metschnikoff, daß aerobe (sauerstoffbedürftige) Erdbakterien mit dem wichtigen Stamm Bacillus subtilis das Wachstum krankmachender Erreger wie Staphylokokken, Streptokokken, Salmonellen und Mykobakterien hemmen.

1943/44 wurden die starken antibiotischen und antitoxischen Eigenschaften des ehemaligen Heubakteriums (jetzt Bacterium subtilis genannt) vielfach erprobt und immer wieder auch labormedizinisch bestätigt. Seither wird dieses Bakterium mit seinen ausgesprochen abwehrenden Eigenschaften gegen krankmachende Artgenossen bei gleichzeitiger hoher positiver Immunstimulierung unter dem Namen Utilin als Medikament vertrieben.

Dieses Heubakterium verordne ich seit vielen Jahren mit sehr gutem Erfolg, insbesondere bei Kindern mit bakteriellen Infekten jeder Art im Hals-, Rachen-, Lungenraum, auch bei Nieren- und Blasenentzündungen statt eines Antibiotikums.

Auch andere Bakterien- und Pilzpräparate sind ein wichtiger Baustein meiner mikrobiologischen Regenerationstherapien, die helfen und nicht gleichzeitig zerstören.

Man spricht dabei von **pro**-biotischen Therapien, die regenerieren und helfen, statt **anti**-biotischer Therapien, die das Kind oft nur immer tiefer in den Infekt- und Allergiekreislauf hineintreiben.

Therapie mit freundlichen Darmbakterien

Wie krankmachend eine gestörte Darmflora wirken kann, davon handelt das ganze Buch. Ein Grundsatz sagt: Eine ge- oder zerstörte Darmflora regeneriert nicht von allein.

Die oft geäußerte Meinung von Behandlern: »Geben Sie Ihrem Kind nach dem Antibiotikum Joghurt zum Essen, das reicht«, halte ich für Unsinn. Laboruntersuchungen zeigen: Das reicht eben nicht – aus vielen Gründen.

Die Darmflora muß als wichtigste Basistherapie bei allen Krankheiten unserer Kinder wieder naturgemäß aufgebaut oder unterstützend mittherapiert werden.

Wichtig

> Die Erfahrung hat gezeigt: Wenn bei **jeder** Erkrankung eines Kindes gleichzeitig mit gesunden Darmbakterien mittherapiert wird, werden die Kinder schneller gesund und bleiben es danach auch wesentlich länger, weil ihr Immunsystem stabiler ist.

Bewährt hat sich nach meiner Erfahrung folgende Basistherapie:

Basistherapie

- Das pro-biotische Mittel Lactobact omni Fos. Dabei handelt es sich um eine gelungene Kombination aus sechs der wichtigsten Bakterienstämme (Leitkeime) des Dünn- und Dickdarms, wie vier Lactobazillenstämme, Bifidobakterien und Enterokokken in kinderfreundlicher Pulverform (auch geeignet für Säuglinge!).

- Das pro-biotische Mittel Mutaflor 4 oder 20 mg. Es enthält gesunde vitale Kolibakterien für den Dickdarm mit ausgesprochen abwehrenden Eigenschaften gegen krankmachende Artgenossen und Pilze.
- Wenn Probleme in der Darmschleimhaut zu befürchten sind (meist nach Antibiotikagaben, bei bestimmten Allergien – oft maskiert), gebe ich gleichzeitig: Colibiogen infantibus N.

Diese pro-biotischen Mittel sollen möglichst 4 bis 6 Wochen gegeben werden, auch wenn das Kind schon nach einer Woche wieder gesund ist.

Ähnliche Mittel sind:

- Bio-cult-comp-syxyl, 3 Bakterienstämme und begleitende Vitamine
- Acidophilus zyma, ein Monopräparat mit Lactobazillen Acidophilus
- Pro-Symbioflor (ähnlich wie Colibiogen)

Als weitere Mittel für Kinder bieten sich eventuell an:

- Utilin
- Utilin S
- Latensin
- Recarsin

Es handelt sich dabei um hochwirksame Bakterienstämme mit verschiedenen Wirkungen auf das Darm- und Immunsystem.

Wichtig

Wenn die Bakterienflora wieder gesund und stabil aufgebaut ist, wirkt sie als starke Konkurrenz gegen Fremdkeime und Pilze und als positiver Reiz für das kindliche Immunsystem!

Anti-Pilz-Therapie

Bei hohem Pilzbefall ist manchmal eine Vortherapie mit einem pilzvernichtenden Antibiotikum mit dem Wirkstoff Nystatin sinnvoll. Kindern sollte Nystatin immer als Saft verabreicht werden.

Wichtig

Achten Sie darauf, daß Ihr Kind den Saft längere Zeit im Mund behält und mit dem Speichel vermischt, ehe es ihn schluckt, denn Pilzinfektionen beginnen immer in der Mundhöhle.

Hier bieten sich marktgängige Präparate an, wie Adiclair, Moronal, Biofanal.

Der Wirkstoff Nystatin ist großmolekular, das heißt, er wird nicht vom Organismus aufgenommen, sondern über den Darm wieder ausgeschieden.

Die vielen ökologischen Nischen im Darm bieten leider gute Versteckmöglichkeiten, so daß trotz Nystatin viele Pilze überleben können. Deshalb sollte immer mikrobiologisch-naturheilkundlich weitergearbeitet werden, wenn nicht die naturheilkundliche Therapie sowieso von Anfang an die bessere ist – aber das muß man von Fall zu Fall entscheiden.

Anti-Pilz-Therapie

Bewährt hat sich folgende Anti-Pilz-Therapie:

- Myrrhinil-Intest: Der Hauptbestandteil ist Myrrhe, eine alte arabische Heilpflanze, die schon immer heilend im Darmsystem wirkte (heute wissen wir: auch stark antimykotisch).
- Pefrakehl-Tropfen in der Potenz D4. Sie enthalten das Monomittel Candida parapsilosis.
- Albicansan: Es enthält das »Monomittel« Candida albicans in D4-Potenz.

- Exmykehlzäpfchen: Sie enthalten die Wirkstoffkombination Candida parapsilosis, Candida albicans und Penicillinum roquefortii in der Potenz D3.

Alle Präparate sind sinnvoll als naturheilkundliche Antipilzbehandlung einsetzbar. Für Schimmelpilzbefall empfiehlt sich Aspergillus niger D4. Neben diesen Mitteln gibt es noch eine ganze Reihe spezifischer Pilz- und Bakterien-Nosodenpräparate.

Nosoden

Nosoden sorgen für die Entgiftung des Körpers.

Zur begleitenden Therapie werden häufig auch **Nosodenpräparate** eingesetzt. Es handelt sich dabei um Einzelstoffe oder Vermischungen entweder von körpereigenen Materialien (z.B. Blut) oder um Bakterien, Viren, Pilze und deren Toxine oder um Stoffe oder toxische Substanzen der häufigsten Umweltgifte in homöopathischen Verdünnungen. Nosoden provozieren z.B. Enzymreaktionen, durch die im Körper eingelagerte Gifte herausgelöst und ausgeschieden werden.

Ganzheitstherapie im Ökosystem-Denken

Wenn mit dem mikrobiologisch-naturheilkundlich-ganzheitlichen Therapieansatz gearbeitet werden soll, ergibt sich vor dem Hintergrund der ganzheitlichen Fragen des Behandlers und den Antworten z.B. der Mutter über ihr Kind die Ganzheitstherapie nach dem 14-Punkte-Schema (siehe vordere Umschlaginnenseite).

Bewährte Regenerationstherapien

Zum Abschluß noch einige Beispiele bewährter Mittel bei speziellen gesundheitlichen Grundproblemen.

Therapiegedanke	Bewährte Mittel
Erbkrankheiten der Eltern bzw. Großeltern vorbeugen	Nosoden: Psorinum, Luesinum, Medorrhinum, Tuberculinum u.a. Hochpotenzen!
Entgiften nach vorhergehenden Antibiotikatherapien	Chloramphenicol Nos. comp.
Entgiftung nach Impfung	Thuja C200, oder Ausleiten mit Nosodenkomplex Variola comp.
Konstitutionstherapie	Thuja comp. (Globuli) Galeopsis; bei blauen Augen: Badiaga; bei grün-braunen Augen: Medorrhinum; bei braunen Augen: Sulfur
Lymphentgiftung, Lymphreinigung, Lymphausleitung	Lymph-Diarrhaltropfen Echinacea comp. (Globuli)
Therapie gegen Pilzbefall	Antibiotikum: Adiclair susp. oder Tabletten; Naturheilkundliche Mittel: Myrrhinil-Intest und Pefrakehl D4; Exmykehl-Zäpfchen
Mikrobiologische Regenerationstherapie für die Darmflora von Kindern	Lactobact (6 Bakterienstämme) Mutaflor 4 mg oder 20 mg; auch: Bio-cult-comp-syxyl Colibiogen-Infantibus Acidophilus-Zyma
Mikrobiologische Regeneration Hals/Rachen/ Ohren	Sancombi + Notakehl-Tropfen D5, Utilin
Chronische Bronchitis/ Asthma	Drosera comp (Globuli), Utilin S, Utilin/Latensin
Entzündung/Eiterung, z.B. des Mittelohres	Hepar-Sulfuris (Syn. 111), Silicea (Syn. 134)
Entzündungen, z.B. der Mandeln	Utilinkapsel stark (Inhalt als Streupulver auf die Mandeln), Mercurius Cyanatus (Syn. 43)
Entzündliche oder allergische Erkrankungen bei kleinen Kindern	Dynamisiertes Eigenblut (nach Imhäuser), C1-C12 Autonosoden oder Eigenurinnosode

Therapiegedanke	Bewährte Mittel
Allergien bei Kindern ab 10 Jahren	Zusätzlich zur Ganzheitstherapie Allergo Stop I
Hautprobleme	Mit Eigenurin (Morgenurin) abtupfen und/oder kräftig fetten
Immunstabilisierung	Spenglersan D + Dx, auch Echinacea, Pascotox, Scorotox, Toxi-Loges; zusätzlich immer Bakterienpräparate für den Darm und für Entzündungen. Sie haben gleichzeitig einen hohen immunstabilisierenden Wert.
Bei träger oder verzögerter Reaktion	Sulfur D30 1x1 wöchentlich
Mineralstoffe	Calcium phosphoricum (Syn. 21), Magnesium phosphoricum (Syn. 132), Drüfusan
Vitamine	Süßigkeiten sind Vitamin- und Mineralstoffräuber. Wenn Ihr Kind viel genascht hat, sind oft Vitamin B_1-Speicher geleert, deshalb: Vitamin B_1-Kattwiga
Kind hat wenig Appetit	Citrokehl, dazu Ubichinon comp. und Coenzym comp.
Bei Zeckenbiß	Nosodenkomplexe Nosode Borrelia D6, D12, D15, D30 + Nosode Zeckenbißfieber + Nosode FSME
Wurmbefall des Kindes (Nachweis durch Labor)	Chemische Mittel und/oder Alliumcepa/ Tanacetum comp.
Für die Psyche des Kindes	Bachblüten und weniger Fernsehen, Video, Computerspiele. Beschäftigen Sie sich dafür mehr mit Ihrem Kind, nehmen Sie es öfter in den Arm und zeigen Sie ihm, daß Sie es liebhaben.

Nur die Ganzheitstherapie kann unsere Kinder wieder wirklich gesund machen

Alle diese Mittel stellen nur einen kleinen Einblick in die Komplexität der mikrobiologisch-naturheilkundlich-ganzheitlichen Therapie dar. Die Erfahrung zeigt jedoch, daß mit einer ausgesuchten Kombination dieser Mittel in den meisten Fällen bei den üblichen Krankheiten der Kinder sehr schnell und durchgreifend therapiert werden kann.

Gleichzeitig gibt es am deutschen Arzneimittelmarkt viele weitere Medikamente, die in Kombination mit den vorher genannten Therapien sinnvoll sein können.

Vorsicht

Auch wenn es nun verlockend ist: Machen Sie bitte mit Ihrem Kind keine Selbstversuche. Begeben Sie sich in die Hände eines Behandlers, der etwas von ganzheitlichen Regenerationstherapien versteht.

Ebenso wichtig: Beginnen Sie ohne gründliche, auch mikrobiologische Untersuchungen keine Therapie!

Ich hoffe, daß Sie aus diesem Buch für sich als Eltern und für die Gesundheit Ihres Kindes (Ihrer Kinder) viele Anregungen entnehmen konnten.

Wenn Sie dazu noch Fragen haben sollten, hier meine Praxisanschrift:

Carlo Weichert
Naturheilpraxis für Ganzheitsmedizin,
Psycho- und Familientherapie
Oberweißenkirchen 1
83349 Palling
Tel. (0 86 69) 21 21

Nützliche Adressen

Mikrobiologische Untersuchungen

Mikrobiologische Untersuchungen werden u.a. von folgenden Labors durchgeführt:

Labor L+S/Enterosan
97708 Bad Bocklet
Tel. (09708) 91 00-0

Labor Drs. Hauss
24332 Eckernförde
Tel. (04351) 34 11

Mikrobiologisches Labor Dr. Schuler
82319 Starnberg
Tel. (08151) 5 00 44

Arzneimittel

Die erwähnten Arzneimittel können Sie über die Apotheke beziehen. Hersteller sind folgende Firmen:

Ardeypharm
Loerfeldstraße 20
58313 Herdecke

DHU (Deutsche Homöopathie-Union)
Ottostraße 4
76227 Karlsruhe
Iso-Arzneimittel
Bunsenstraße 6–10
76275 Ettlingen

Kattwiga
Zur Grenze 30
48529 Nordhorn

Pascoe
Schiffenbergerweg 55
35394 Gießen

Staufen-Pharma
Bahnhofstraße 35
73033 Göppingen

Allgemeine Informationen

Die folgende Liste stellt eine Auswahl an staatlichen, kirchlichen und privaten Organisationen und Beratungsstellen dar, die Ihnen bei der Lösung bestimmter Probleme behilflich sein können.

Weitere Auskünfte erteilen die zuständigen Gesundheitsämter, Krankenkassen, kirchliche und staatliche Beratungsstellen. Hier können vor allem die örtlichen Selbsthilfegruppen, Gesprächskreise, Betreuungs- und Hilfsdienste und die angebotenen sozialen Dienste erfragt werden.

Deutsche Volksgesundheitsbewegung e.V.
Gesundheitspolitischer Verbraucherverband
(Ziel: Erhaltung Naturheilmittel, Naturheilmethoden, Nahrungsmittel ohne Zusatzstoffe)
Herrenwiese 125
47169 Duisburg
Tel. (0203) 59 26 43
Fax (0203) 59 87 00

Malteser Hilfsdienst e.V.
Generalsekretariat
Leonhard-Tietz-Straße 8
50676 Köln
Tel. (0221) 20 30 80

Arbeiter-Samariter-Bund e.V.
Sülzburgstraße 140
50937 Köln
Tel. (0221) 47 60 50

Bundesverband für gesundheitliche Aufklärung
Ostmerheimerstraße 200
51109 Köln
Tel. (0221) 8 99 22 22
Fax (O221) 8 99 23 00

Johanniter-Unfall-Hilfe e.V.
Bundesgeschäftsstelle
Karl-Legien-Straße 188
53117 Bonn
Postfach 410254
53024 Bonn
Tel. (0228) 6 83 00

Deutsche Hauptstelle gegen die Suchtgefahren e.V.
Westring 2
59065 Hamm
Tel. (02381) 9 01 50
Fax (02381) 1 53 31

Pro Familia
Deutsche Gesellschaft für Sexualberatung und Familienplanung
Cronstettenstraße 30
60322 Frankfurt/Main
Tel. (069) 63 90 02

Deutsche Gesellschaft für Ernährung
Feldbergstraße 28
60323 Frankfurt/Main
Tel. (069) 9 76 80 30

Empfohlene Literatur

Buchwald, Gerhard: Impfen, das Geschäft mit der Angst. Emu-Verlag, Lahnstein 1994

Delarue, Simone: Impfschutz – Irrtum oder Lüge. Hirthammer, München 1993

Garrett, Laurie: Die kommenden Plagen. Fischer, Frankfurt 1996

Grätz, Joachim: Sind Impfungen sinnvoll? Hirthammer, München 1994

Guzek, Gaby/Lange, Elisabeth: Pilze im Körper. Südwest, München 1994

Karlen Arno: Menschen und Mikroben. Volk und Welt, Berlin 1996

Langbein, Kurt/Martin, Hans/Weiss, Hans: Bittere Pillen. Kiepenheuer & Witsch, Köln 1996

Markus, Harold: Ich fühle mich krank und weiß nicht warum. Ehrenwirth, München 1994

Sonnenborn, Ulrich/Greinwald, Roland: Beziehungen zwischen Wirtsorganismus und Darmflora. Schattauer, Stuttgart 1991

Studt, Hans: Spezielle Infektionslehre. Kohlhammer, Stuttgart 1993

Weichert, Carlo: Krank durch Antibiotika. Edis, Sauerlach 1996

Sachregister